不只說Hello
國際力與跨文化學習

More Than Saying Hello:
International Competence and Intercultural Learning

張媁雯

Ainosco Press

今日，當國際朝我們走來，
多元與差異帶來新的視域，但也帶來起伏與顛簸，
希望本書與更多人一起，平穩前行。

感謝曾經加入研究的每一位參與者，
您們的辛苦和經驗，
已成為更多實務工作者的養分。

謹獻給我的父母與家人、一路支持我的朋友，
及多年來為培育國際人才一起打拼的夥伴，
因為有您們的鼓勵與同行，才有本書。

目錄

推薦序　i
作者序　ix

第一篇　核心理論與概念

第一章　全球化與國際力　　　3
第二章　文化與國家文化　　　13
第三章　文化智力與敏感度　　29
第四章　心理基模的改變　　　41
第五章　跨文化溝通　　　　　51
第六章　跨文化適應　　　　　63
第七章　跨文化差異與衝突　　73
第八章　國際力的內涵　　　　85
第九章　國際力之組織面向　　93
第十章　國際力的整合模式　　103

第二篇　實務案例演練

個案1　派外的起點　　　　　115
個案2　歡迎之後　　　　　　118
個案3　民以食為天　　　　　121
個案4　真是沒禮貌？　　　　124
個案5　洩氣的主管　　　　　128
個案6　楓城心事　　　　　　131
個案7　準時下班　　　　　　136
個案8　點頭表示「好」？　　140
個案9　健康的使命　　　　　144

個案 10	美麗的花瓶	148
個案 11	心的深秋	153
個案 12	認知與行為	157
個案 13	叫我 David 就好	161
個案 14	你們決定吧	165
個案 15	顧問的難題	169
個案 16	我很 Open-Minded	173
個案 17	異鄉的迷霧	177
個案 18	剪刀、石頭、布	181
個案 19	國際化的足印	184
個案 20	第三文化小孩	191

第三篇　跨文化學習與能力發展

第十一章	跨文化訓練規劃	199
第十二章	派外人員跨文化訓練	207
第十三章	國際事務人員跨文化訓練	219
第十四章	訓練方案的跨文化調整	231
第十五章	MARVEL：學習心理之應用	241
第十六章	訓練課堂中的文化差異	249
第十七章	跨文化訓練方法	255
第十八章	自我學習與跨文化能力	267
第十九章	腦心智科學與跨文化學習	277
第二十章	國際力：現在與未來	285

參考文獻　293

圖目錄

圖1-1	國際化人力	7
圖1-2	DeSeCo核心職能三範疇	9
圖2-1	文化冰山理論 vs. 不知的未知	15
圖2-2	文化地圖八向度	19
圖2-3	文化內的差異	26
圖3-1	文化智力	30
圖3-2	跨文化成熟模式	38
圖4-1	跨文化認知架構的移動	44
圖4-2	跨文化基模調整歷程	47
圖4-3	跨文化學習歷程	49
圖5-1	溝通模式	52
圖5-2	投射的相似性	56
圖6-1	環境—個人之互動與探索	71
圖7-1	衝突的時程	76
圖7-2	跨文化衝突處理能力模式	80
圖8-1	國際力內涵	86
圖9-1	組織環境與個人發展	93
圖9-2	文化職能：個人與組織互動模式	97
圖10-1	國際力整合模式	104
圖11-1	訓練方案規劃ADDIE模式	200
圖11-2	跨文化訓練方案規劃	202
圖12-1	派外人員訓練模組	212
圖12-2	跨文化訓練目標與方法	214
圖13-1	國際事務人員訓練模組	225
圖14-1	全球經營之策略	234

圖15-1	缺乏內在動力的虛熱情	242
圖17-1	跨文化訓練方法	255
圖18-1	跨文化能力自我學習	268
圖18-2	跨文化調適歷程	274

表目錄

表2-1	Hall之國家文化面向	20
表6-1	文化適應四面向	69
表14-1	「標準化」與「在地化」之方案規劃	238

Foreword

Soon Ang, PhD

Distinguished University Professor, Nanyang Business School, Nanyang Technological University, Singapore
Executive Director, Center for Leadership and Cultural Intelligence, Singapore
Founder of Cultural Intelligence (CQ)

Earlier this year, Vera shared with me her exciting journey of writing a book on culture. She is targeting the book at multiple audiences: managers and executives; professionals and practitioners; senior leaders of global corporations and public sectors; students and adult learners; and learning designers & specialists. All these audiences encounter culture and continue to be puzzled by culture, in their ever increasingly diverse workplaces or their everyday lives.

Vera asked me to write a foreword for her book. I am honored to do so because it gives me a chance to learn about her own cultural journey as an educator and a writer. Here are the reasons this book would be of great interest to you, especially when you are presently a global executive; a cross-cultural trainer; or even simply an explorer of the world—either for work and play, or for building and living in intercultural social relationships.

1. Vera is an expert in adult human development. She holds a PhD in international human resource development and has been researching and teaching cross-cultural human development for the past two and a half decades. Vera is trained as a social scientist. But she approaches studying and teaching intercultural problems and dilemmas using a very unique scientific-practitioner ethos. As a scientist-practitioner,

推薦序

Soon Ang 博士
新加坡南洋理工大學管理學院　傑出講座教授
新加坡領導與文化智力研究中心　創辦人及執行長
文化智力（Cultural Intelligence, CQ）　創始人

今年早些時候，張教授（Vera）和我分享她撰寫這本書的歷程，令人感到鼓舞。這本書的出版是為了多樣性的讀者，包括：管理者與執行長、專業和實務人員、跨國公司和公共部門的高階領導人、學生和成人學習者、學習方案設計者及專家。面對愈來愈多元的職場或生活，這些族群會更常面對不同的文化，以及它們所帶來的難題。

能受邀為這本書寫序，令我感到很榮幸，因為這讓我有機會瞭解Vera作為一名教育者及作者，本身所經歷的文化旅程。如果你現在是一位全球化的管理者、跨文化訓練的講師，或單純是一位世界的探索者。不論是為了工作及休閒，或是為了建立跨文化的社會關係與生活，這本書都很適合你。以下有幾項原因，說明為什麼這本書值得你的關注。

第一，張教授是成人發展的專家，擁有國際人力資源發展方面的博士學位，在過去的25年裡，一直從事跨文化人力發展的研究和教學。她所受的訓練讓她成為一名社會科學家，她用一種非常獨特的科學實踐者的精神，來研究和教授跨文化的問題和困境。作為一名科學家兼實踐者，她不僅是從理論的角度來研究文化，也從經驗的角度來

Vera tackles culture in experiential rather than in just theoretical ways. She balances between being a scientist discovering key theoretical cultural concepts, and being a practitioner gathering practice-based evidence from global engagements with international executives, public administrative leaders, cross-cultural learning specialists.

I am curious to know how Vera distinctively juxtaposes culture as paradoxical both an 'out-there' and an 'in-here' construct. The 'out-there' construct of culture depicts culture as a set of shared rules, norms, societal values, and practices; whereas an 'in-here' construct of culture portrays culture as a set of embodied cognition, affect, and habituation.

2. Vera is indigenously Asian and writes the book originally in Chinese. As we know, culture is intricately intertwined with language. Further, Chinese is spoken by 1 in 5 of 6 billion people on our Planet Earth. By writing the book in Chinese, Vera is able to convey culture in the most nuanced way—the visceral experiences and expressions in the lyrical sound and speech of Mandarin without mediation and lexical displacement of a foreign language.

3. Vera's distinctive background offers unique perspectives to approach complex subject such as culture. Most culture books are written by Western authors (e.g., North America or Western Europe). They naturally present Western points of view (POV) where situations are perceived and remembered from a Western orientation. Culture books written from an Asian point of view remain extremely rare. Vera, by directly involved as an Asian, naturally describes and remembers cultural cues of intercultural situations differently. She offers 'in-situ' descriptions of social and psychological experiences that differ from those of 'ex-situ'—where how observers see and interpret how others think, feel, and act.

解決文化的問題，兼顧科學研究與實務實踐之間的平衡。一方面，作為一名社會科學研究者，她探索文化的關鍵理論與概念；另一方面，她透過參與全球的合作與交流，從國際管理者、公共行政領導人、跨文化學習專家的經驗中蒐集實踐的證據。

我好奇地去瞭解 Vera 如何獨特的描繪出文化中兩個看似矛盾的構念：「外在－那裡」（out-there）與「內在－這裡」（in-here）。外在的構念是將文化視為一套共享的規則、規範、社會價值觀和實踐；相對的，內在的構念則是把文化描述成一套內化的認知、情感和習慣性。

第二，張教授是一位亞洲人，並以中文撰寫本書。誠如我們所知，文化及語言有密切的連結。此外，地球上 60 億人口中，有五分之一的人說華語。因此，以中文寫這本書，她能夠在沒有外國語言干擾和詞彙置換的情況下，以最細緻入微的方式傳達文化，用華語優美的文字和語言來表達真實的體驗和面貌。

第三，對於文化這個複雜的主題，Vera 特有的背景在研究時提供了獨特的視角。在現有的文獻中，大多數的跨文化書籍是由西方作家（例如：北美或西歐）所寫的，因此他們很自然的呈現了西方的觀點，以西方的價值取向來認知與記憶外在的經驗。截至目前，以亞洲角度來撰寫的跨文化書籍仍然極為罕見。身為一位直接參與國際互動的亞洲人，她自然的以不同的方式來描述和記憶跨文化情景中的文化線索；對於社會和心理的體驗，她能提供「原位」（in-situ）的描述，有別於「他位」（ex-situ）的描述──僅僅從外在角度去觀察和解釋他人的想法、感受和行為。

4. The book is rich and 'meaty,' yet so easy to read, and navigate. The book begins by putting in one place, the jingle and jangle associated with culture. As we know, culture is such an amorphous word, with myriad of meanings, and infinite uses of the term. Part 1 of the book identifies and describes the key concepts on culture. It offers major taxonomies, ideas, and concepts in one place. It shows the breadth and linkages across these concepts on culture. The book also discusses major frameworks of culture—frameworks that matter most because they make visible the invisible forces that drive seemingly 'taken for granted' behaviors and actions of individuals and societies.

5. Part 2 of the book comprises a series of vignettes. These vignettes represent cultural incidents and mini case studies. They are experiences Vera had gathered in her extensive exploration of cross-cultural interactions. The vignettes make alive the concepts from Part 1. I find myself nodding and smiling to myself by how familiar and déjà vu are these 'war stories.' Again, by pivoting many incidents toward an Asian protagonist, Vera helps the audience appreciate an Asian and not just a Western in-situ point of view.

6. The book ends with Part 3—a very practical how-to section. This part is written to support leaders, educators, and learning specialists who wish to design programs for developing cultural intelligent employees, students, teams, and organizations.

第四，這本書的內容相當豐富，但卻很容易閱讀。在開始時，這本書首先把文化相關的常見概念整理在一起。誠如我們所知，「文化」這一個詞彙並沒有定形，且有無數的含義，以及無限的用法。本書的第一篇說明了這些文化的關鍵概念，並將主要的分類、想法和概念匯集在一處，呈現出這些概念之間的廣度與連結。其次，本書也討論了主要的文化架構。這些架構相當重要，因為文化中無形的力量驅使個人及社會進行看似「理所當然」的行為與行動，而文化的架構可以讓這些無形的力量被呈現出來。

第五，本書的第二篇包括一系列的小個案。這些個案陳述了文化的事件和小型的案例研究。這些案例都是Vera在廣泛探索跨文化互動的過程中所積累的經驗，這些個案故事讓第一篇中所介紹的概念變得生動了起來。我發現自己在閱讀時，常不經意的點頭微笑，因為這些「戰爭故事」（譯註：難忘的經歷，通常涉及危險、艱苦及冒險的歷程）是多麼的熟悉和似曾相識。同樣的，由於許多事件是以亞洲人為主角，Vera協助讀者能看到一種亞洲的視角，而不再僅僅是西方人的觀點。

第六，這本書以第三篇作為結束，它是一個非常務實的實作單元。這部分的內容有助於領導者、教育者和學習專家瞭解如何設計訓練方案，進而發展員工、學生、團隊和組織的文化智力。

As we know, the invisible drives the visible. In training and education, the 'how-to' systems are the invisible driving the visible learning outcomes of actions and behaviors of learners and organizations. Part 3 makes visible the systems of growing culturally intelligent individuals and organizations. This part of the book offers a praxis—an integration of theory and practice of "how" to educate humans and design organizations to be culturally intelligent. The steps that Vera introduced in the MARVEL model in the book are systematic and methodologically sound. They emerge from Vera's own experiences as an educator and designer of learning environments globally.

In all, what an amazing coverage for such a small and thin book. The simple, clear writing—with a slant towards 'how-to' and 'process' makes the ideas easily digestible. Everyone should read and learn from this book, which is designed to constructively help each of us navigate the ever-changing cultural contexts at work and in classrooms. I expect this book will be an evergreen and a book we will read and re-read again—for fun, insights, knowledge, and practical tips for a culturally intelligent executive, educator, learner, and cross-cultural specialist.

誠如我們所知,「無形」驅動著「有形」。在培訓和教育中,「如何做」的知識體系是無形的,它驅動著學習者與組織的行動和行為,以及其所帶來有形的學習結果。第三篇把如何培育個人及組織之文化智力的知識體系具體的展現出來。本書的這一部分提供了一種實踐,具體的說明「如何」教育人們及設計組織,以期能夠發展文化智力,在理論和實踐方面進行了整合。作者在書中介紹的 MARVEL 模式是有系統的,而且在方法論上有堅實的基礎。這些模式是從她本身作為一位全球教育者,和學習環境設計者的經驗中累積而生的。

　　總之,這本書分量不大但卻能包含這些內容,令人感到驚奇。她簡單明瞭的寫作方式,而且偏重於「如何做」和「過程」的取向,使得書中的觀念更容易被理解與吸收。每個人都應該閱讀這本書並從中學習,因為它的設計是為了建設性的幫助我們每個人在工作和課堂中適應不斷變化的文化環境。對於具有文化智慧的管理者、教育者、學習者和跨文化專家來說,這本書充滿了樂趣、洞見、知識和實用技巧;我預期這本書將歷久如新,是一本我們會反覆閱讀的書。

(張媁雯譯)

作者序

在邁向國際化的路上，許多人問：「到底要如何培養國際人才？」

在實務上，培養國際人才確實不容易，因為它涵蓋了不同的專業領域，包括：跨文化心理、組織行為、成人學習、訓練規劃、國際管理等。每個領域對於培育國際人力都很重要，但又需要其他領域的理論與實務相輔相成。這樣跨領域的特性，讓實務工作者在尋找參考資料時，常面臨事倍功半的困難。

在二十多年前，我投入了國際人力資源發展的研究領域，探索人們如何在不同的國家和文化之間移動並完成任務，在過程中又是如何磨練出處理國際事務的能力。隨著全球化的加速，國際人力培訓的需求也日益迫切。在過去十年間，我參與了大學的國際化、公務人員的國際工作坊、全球化英語班、國中小學老師的國際教育研習、企業的人力訓練等，在台灣的北中南各地，與各行業的主管及老師們討論國際化與跨文化學習的實踐。他們所面臨的問題及實務上的困難，點點滴滴，成為撰寫本書最大的動力。

由於教學的關係，我經常與來自台灣及世界各國的青年互動。當我問他們是否願意被組織派至海外，接受全球化的任務時，很多人的答案是肯定的。他們的眼中閃耀著熱切的期待，嚮往在國際舞台中

一展長才。高度的動機是他們邁向國際人才的重要元素。然而，只有動機並不足夠。因為真實的國際任務充滿了太多的挑戰，甚至存在著危機。過去多年，透過研究我接觸到許多從事國際事務的第一線工作者。他們撥出時間分享自身寶貴的實戰經驗及所見所聞，有衝擊和阻礙、有成功也有失敗。現實常會磨掉熱情，差異帶來的衝突也使憧憬幻滅。然而，即使如此，我們的研究發現，許多當事者和異文化之間的故事卻沒有因此而結束。相反的，他們在幻滅的困局中，重新檢視自己、調整看待世界的角度，並摸索出鼓勵自己向前的方法。在過程中，除了高度的動機之外，強韌的意志及持續的學習，讓他們一步步成為優秀的國際人才。藉由他們真實的經驗，我們得以結合理論及分析，逐步描繪出國際人才專業養成及轉化的歷程。

在國際人力發展的領域，儘管已有許多學者投入耕耘，但目前相關的中文書籍仍然有限。這樣的不足也促使了本書的成形。本書從不同領域擷取相關的核心概念，結合實務的研究結果，建立一個整合性的架構，從理論、案例及學習設計這三個面向來說明國際人力及跨文化能力的發展。

這本書的完成要感謝歷年來的研究參與者、國立臺灣師範大學國際人力資源發展研究所、新加坡南洋理工大學「領導與文化智力中心」（Center for Leadership and Cultural Intelligence, CLCI）的支持，以及華藝出版社編輯團隊的協助。對有志於培育國際人才的機構，以及期望發展跨文化能力的人員，希望本書可以作為一本工具書，並且也開啟後續更多豐富的討論與學習。

張媁雯　謹識於台北

第一篇　核心理論與概念

這天，我走進課堂，看到學生來自世界各國，有不同的膚色、服飾、髮型及髮色。此時，全球化就在身邊。因為文化是如此的多樣，看不出那一種才是主流。全球化帶來了多元的自由，相對的，也把國際之間的差異拉到了彼此的隔壁。

「國際」和人們變得如此靠近，它提供了多元的機會，但是也帶來了新的挑戰。當跨國企業把產品銷售到不同國家時，當地的抗議時有所聞；非營利組織把人道合作拓展到更多國家，但其推動的方案，當地社群卻不一定接受。學校裡，有來自不同文化背景的孩子，一方面增加了文化的學習；但另一方面，該如何將不同宗教的規範與學校的規範相互整合，也經常成為政府與校方的難題。

隨著科技的發展，今日的國際化讓以往遙不可及的差異變得近在咫尺。這樣的變化帶來更多「有朋自遠方來」的相見歡，但也帶來了新的誤解與衝突。也因此，在國際化的今日，有系統的檢視新環境中人們所需要的能力比以往更加的迫切。國際力和跨文化學習是因應全球移動的需求，是人們在多元差異群體中共處的基礎，也是本書的主軸。

本書分為三篇，第一篇為核心理論與概念，第二篇為實務案例演練，第三篇為跨文化學習與能力發展。其內容首先以理論概念為基礎，其次進入個案演練，最後延伸到能力發展，包括：訓練方案與自我學習。

　　第一篇主要是說明國際力的核心理論與概念，內容包括十個章節。前九章為全球化與國際力、文化與國家文化、文化智力與敏感度、心理基模的改變、跨文化溝通、跨文化適應、跨文化差異與衝突、國際力的內涵，以及國際力之組織面向；第十章則呈現國際力的整合模式，將本書三篇的重點統合為一體。

第一章
全球化與國際力

人們常問我：「什麼是國際能力（international competence）？」從簡要的層面說，它是與來自不同國家文化的人互動之能力。它的意義雖然看似簡明，然而在今日的世界，它卻變得很不簡單，因為我們周圍的人變得非常多元，使得互動變得更加複雜。

隨著科技交通的發達，人們在國際之間移動，尋找更多的工作機會、更好的教育及生活品質。人們來自不同的國家、不同的文化，使社會多元化的程度也逐漸深化。即使是同一個國家的人，也由於接受到異文化的機會增加，使其觀念變得更為不同。因此，同樣是與他人互動，但是由於今日社會人際之間的價值與想法差異大幅度的擴大，使我們需要學習新的能力、培養新的態度來面對全球化世界中的人際互動（Meleady et al., 2020; Ting-Toomey & Dorjee, 2019）。

第一節　全球化的定義

「全球化」常被用來描述今日的世界。曾有研究者檢視從1974年至2006年有關全球化文獻，進而列出超過100個全球化的定義（Al-Rodhan & Stoudmann, 2006）。它具備多重面向以及複雜的內涵，呈現出國際之間在政治、經濟、文化之間日益增加的「相互連結性」

（interconnectedness）及「相互依賴性」（interdependence; Held et al., 1999）。全球化被定義為「是一個世界縮小、距離縮短、事物愈來愈靠近的過程。它代表在世界一端的人愈來愈容易與世界另一端的人進行互惠的互動。」（Larsson, 2001, p. 9）隨著國際貿易活動日益頻繁，經濟合作暨發展組織（Organisation for Economic Cooperation and Development [OECD], 2005）指出全球化是一種動態的、多維度經濟整合的過程。在這個過程中，國家資源會在國際之間流動，增加了彼此的相互依存性（Lang & Mendes Tavares, 2018）。

除了經濟的活動，科技的發展更強化了這樣的跨界溝通。全球化的內涵包括：國際貿易投資、財務金融流動、環境議題、氣候變遷、全球工作機會與人才競爭。它的利益包括了更廣大的經濟市場、更多的資源分享，以及更廣泛的交流與互動。但是相對的，全球化也包含了跨國犯罪、恐怖攻擊、疾病散播、全球性的貧富不均，以及少數文化的消失等。它有利益也有爭議，但不論是正面或負面，這些變化都讓整個世界的連結更為緊密。

第二節　全球化中溝通的挑戰

在全球化的世界，隨著國際經濟與社會互動的增加，文化的誤解與衝突的例子也開始層出不窮。隨著國際互動的頻繁，人際之間的溝通面對了三個挑戰。

一、差異加大且互動頻繁

　　早期的社會，我們和鄰居可能一直住在同一個社區、讀同樣的學校、談論同樣的八點檔連續劇。由於過程類似，其所培養出來的文化價值與社會規範比較相近。然而，今天的社會，住在隔壁的鄰居可能是來自於非常不同的地區及文化，雙方在成長過程中讀不同的學校、聽不同的歌曲、吃不一樣的食物、看不同的電視劇，也討論不一樣的新聞話題。雖然，表面上看起來仍是與鄰居互動，但人與人之間的差異加大許多。再加上交通的便利，不同文化背景的人交流次數變得頻繁，使得差異擴大的現象變得更為明顯。如果雙方只是見面打招呼也許還不會感覺到有什麼困難，但如果要共同合作完成一項工作時，就會感受到差異所帶來的挑戰。

二、不知的未知

　　隨著差異加大、差異間互動頻繁，會帶來另一個困難：「不知的未知」（don't know what is unknown）。它是相對於「已知的未知」（know what is unknown）。「已知的未知」是指在許多情況下，我們知道自己不知道什麼。例如：我們和隔壁同事同樣是使用Word文書軟體，當同事操作我們所不知道的進階編輯功能時，我們會清楚的看到自己還不知道什麼，這是屬於「已知的未知」。相對的，有些時候我們並不知道自己不知道什麼，則為「不知的未知」。例如：有國際醫療團隊到某些國家蓋醫院之後，引進良好的設備，但是當地的居

民卻不前往使用。在經過深入的訪查瞭解之後,才發現到醫院看病與當地人的就醫習慣不同,使得精良的設備無法發揮用處。這樣的決策即是因為對當地國情與風俗「不知的未知」。

三、溝通方式的多元與改變

從過去到現在,雖然全球化一詞沒有改變,但全球化的面貌卻一直在變化,連帶影響人們的溝通方式及所需的能力。例如:在早期,與國外的人士聯絡是使用電報或打國際電話。隨著網際網路的興起,跨國溝通可使用電子郵件、網路電話等。之後,手機通訊及社群軟體的普及,讓人們可以更直接且長時間的進行跨國界的溝通。設備與技術的進步,使人們必須不斷的更新能力,並適應新的工具與溝通方式的改變。

第三節　國際化人力

全球化帶來了更多元的社會,發展國際人才成為教育以及職場進修的重要目標。「國際」一詞,是指不同國家之間的互動(McLean, 2001)。而國際化人才是指:具備能力可直接從事國際間互動任務的人員。隨著他們工作所處的地點不同,可以分為:派赴國外人員(派外),以及國內國際化職場人員(圖1-1)。

```
         ┌─────────────┬─────────────┐
         │    國外     │    國內     │
         │  派外人員   │ 國際化職場人員 │
         └─────────────┴─────────────┘
```

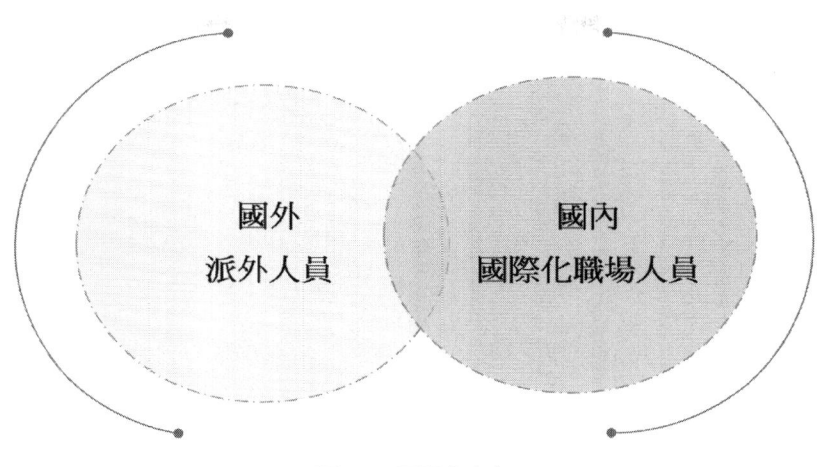

圖1-1　國際化人力

一、派外人員

直接派赴至國外工作的人員,不論是短期或中長期,都是直接進入他國工作與生活,往往面對比較強烈的文化衝擊。

二、國內國際化職場人員

隨著國際人士的移動,有些職場工作人員即使仍是在國內工作,但在日常工作中即須經常性的與國際人士接觸,需要具備國際力。

為了培養國際化的人才,職場中對於相關訓練的需求日益增加。而國際化教育也已經開始在各級校園實施,不論是大專院校、中學及小學,都已經有相關的鼓勵方案以及政策。

第四節　世界遲早走向你：21世紀的基本能力

在 2000 年，《哈佛商業評論》（*Harvard Business Review*）上有一句話：「在今日的全球化市場，你不用出國去體驗國際競爭，因為世界遲早會走向你。」（In today's global market, you don't have to go abroad to experience international competition. Sooner or later the world comes to you; Bartlett & Ghoshal, 2000, p. 139）回顧過去近二十年的發展，世界已經走入各個國家，其影響不僅僅是在經濟，更包括了教育、科技、生活等等，因此，國際能力與跨文化溝通已成為今日國際人力培訓的重要面向（Bennett, 2013）。

隨著國際互動與競爭的加劇，自 1997 年開始，OECD 展開了一項今日人才「核心能力選擇與定義」（definition and selection of competencies, DeSeCo）的研究，位在瑞士的領導團隊結合不同國家專業人員的意見，探討在國際化的環境中，公民需要那些能力才能建立成功的個人生活，並對社會有所貢獻（Rychen & Salganik, 2003）。在研究報告中 Rychen 與 Salganik（2003）將 21 世紀人力的核心能力歸納為三個範疇（如圖 1-2）：與不同工具互動（use tools interactively）的能力、自主行動（act autonomously）的能力、在異質群體中互動（interact in heterogeneous groups）的能力。

一、與不同工具互動的能力

能運用各項資訊及科技的工具，並且瞭解這些工具對生活與世界所產生的影響。

第一章　全球化與國際力

圖1-2　DeSeCo核心職能三範疇

- 與不同工具互動的能力
- 自主行動的能力
- 在異質群體中互動的能力
- 21世紀核心能力

二、自主行動的能力

自主的行動並非與社會脫離或孤立。相反的，它代表個人更有意識本身所存在的大環境，並以此為基礎，充分的參與社會，並且能夠規劃生涯、主張自己的權益，也瞭解自身的限制與需求。

三、在異質群體中互動的能力

當社會愈來愈趨向多元，與不同背景的人相處及合作日益普遍。因此，國際化的人才需要能善用同理、合力協作、並且能處理和解決問題。

其中，「在異質群體中互動的能力」即是指在日益國際化與多元的社會中，能夠與來自不同國家及文化背景的人相處及合

作。OECD（2019）在「學生能力國際評量計畫」（Programme for International Student Assessment, PISA）提出了「全球素養的架構」（global competence framework）。這個架構包括了四大面向：知識（knowledge）、價值（values）、能力（skills）、態度（attitudes）。它強調21世紀的青年生活在一個相互聯繫、多樣化和快速變化的世界。新興的經濟、數字、文化、人口和環境力量正在塑造全球各地年輕人的生活，每天都在增加他們的跨文化接觸。今日的青年要學會參與一個更加相互聯繫的世界，而且有能力欣賞文化差異，並且願對永續發展與社會福祉採取負責任的行動。

在教育領域，許多國家開始積極促進青年的國際移動，以提升國際能力。例如：歐盟的Erasmus方案。從1987年開始成為高等教育的一部分，強調終身學習與跨國移動。Erasmus的命名是紀念哲學家德西德里斯·伊拉斯莫斯（Desiderius Erasmus），也是「歐洲區域大學生移動行動計畫」（European Community Action Scheme for the Mobility of University Students）的縮寫（Feyen & Krzaklewska, 2013）。歐盟執行委員會又於2014年提出Erasmus+方案，投注147億歐元的預算為400多萬歐洲人提供國際的學習機會（European Commission, n.d.）。不僅是歐洲，面對全球化的浪潮，各國紛紛推出培養國際力與移動交流的機會，因為隨著更多組織走向全球化，國際人才已經成為職場中不能缺少的一部分（Caligiuri & Di Santo, 2001; Tarique & Schuler, 2010）。

第五節　國際力的需求

　　不論在公部門、企業組織、非營利機構、大學及中小學等，對人員國際能力的需求已逐漸增加。首先，不論公部門或私人企業，如何選任適當的人選派駐海外、人員如何在當地發揮效能等成為管理中重要的議題，因為許多在本國工作表現優異的成員，在受到重用派到國外擔任主管時，卻由於本身或家人的適應不良，導致無法完成交派的任務，給機構及個人帶來極高的成本。

　　非營利組織亦如是，當國際上發生緊急災難或有人道需求時，非營利組織會派遣專業人員或志工前往當地。這些國際非政府組織的派外人員與企業派外人員一樣，須面對文化適應的問題。然而，不同的是，他們所服務的地點有些是處在資源相當匱乏的偏遠地區。由於生活條件與台灣差異很大，更加深了適應的困難度。以醫療人員為例，台灣有充分且精密的儀器可供使用，然而到了派外的國家，可能完全沒有這些設備，醫療人員需要就地取材進行診療，這些情況都是考驗派外人員的適應能力。

　　在學校單位，除了日益增加的海外交流機會，因為外籍師生人數的增加，校園裡的教師與職員也面臨國際化帶來的挑戰。其次，隨著教育政策的推動，國小及國中教師也負起了國際教育的任務，提升學生們的國際素養。然而，老師在實務教學上也面臨不少疑問。例如：在中小學教師的工作坊中，參訓者會問：「到底什麼是國際化？什麼是國際視野？國際教育該用什麼教材？它的方向在哪裡？目的又是

什麼？」這些問題的提出，都反映了第一線國中小老師期望更瞭解國際能力的內涵，以及如何融入在教育之中。

在全球化與異質性環境中，有效的互動能力常被用不同的名稱代表，包括：「國際能力」、「全球能力」（global competence）、「國際移動力」（international mobility）等。在本書中，則統一以「國際力」來包含這些內涵，並且著重於它在工作與日常生活中的應用。

第六節　結語

在國際化的社會中，當世界縮小，差異變得愈來愈擴大與頻繁時，「國際力」是在新時代裡與他人相處互動的能力。它立基於最根本的人際互動，但是又加入了新的內涵與意義。今日，當我們身處於多元化的群體之中，國際力成為互動時不可缺少的基本能力。

第二章
文化與國家文化

▎第一節　文化

　　一般而言，文化是不同群體之間「粗略的界線」，代表每一個群體內「意義及思想的共享系統」，透過這樣粗略的界線能夠區分出某一群體的成員和非成員。由於涵蓋的範圍廣泛，文化常被視為是最難定義的字彙之一。根據《韋伯字典》(*Webster's Dictionary*)與《劍橋字典》(*Cambridge Dictionary*)的定義，文化代表了以下的內涵：

一、人們共同分享的價值、假設、風俗或社會規範。

二、人們的生活及被養育的方式，它影響了個人對世界與邏輯的看法。

三、文化包含了內隱的信念和態度；也包含外在可見的所有事物與行為。

　　文化不僅影響人們如何回應外在環境，它也影響了人們如何去詮釋他們的外在環境。換言之，透過某種文化的視角，人們詮釋自身所存在的世界，然後，根據他們對世界的定義，進一步下判斷以採取策略去適應世界(Jandt, 2018; Sparkman & Hamer, 2020)。

　　然而，雖然文化是群體之間「粗略的界線」，但是這並不表示文化對群體中每個人的影響都是一致的。相反的，文化對每一個在該群

體中的個體都可能產生不同層次的影響。因此文化可用來理解個體所處的生活環境，但卻不宜用來對個人的特質或個性下判斷。如果以群體邊界當作標準，可將文化區分為：國家層次、區域層次、世代層次、社群層次、組織層次等等。隨著人們全球移動力的提升，不同的國家文化已經進入我們的社會脈絡，成為生活的一部分。

第二節　文化冰山理論

在異質的群體中，會面臨的主要困難往往是來自看不見的力量，心理學者以「冰山理論」（iceberg theory）來形容行為背後深廣的價值與思想的影響。冰山常被用來形容人際互動之間「可見」與「不可見」的因素（Beaudry, 2002; Satir et al., 1991；圖2-1）。冰山可見的上方只有一小部分，是代表外顯的行為，但行為卻是受到冰山下更大一部分看不見的價值觀、思想、觀念、認知等深深影響。在人際互動之中，當我們看到對方的行為，便會去詮釋及推測行為的背後包含什麼意義、是由什麼原因造成。當互動的雙方生長在同一文化，雖然仍會有不同的人格特性，但冰山之下的社會價值觀與理念相對比較接近，這樣在推測與詮釋時會比較有所依據。

然而，當我們互動的對象是來自於我們所不熟悉的遠方文化，我們雖然看到行為，但是對於冰山下方影響行為的社會價值、觀念、思想等卻瞭解得相當有限。甚至對自己的不知也一無所知（不知的未知）。就像在本地的學校，過去在課堂教室裡，同學多來自於相近的

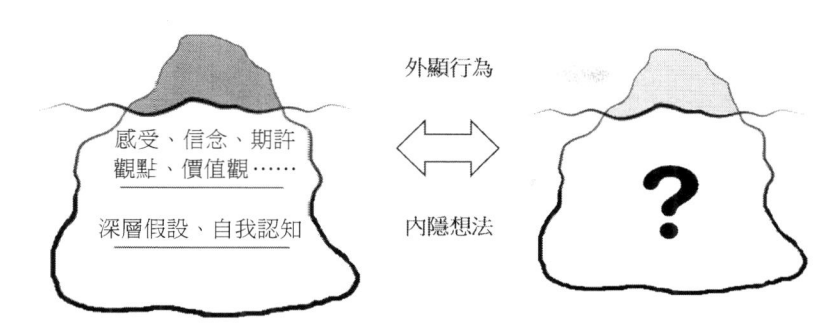

圖 2-1　文化冰山理論 vs. 不知的未知

社區或同一個國家，雖然也有不同的個性，但因所處的社會環境類似，互相對其成長過程中經歷的關卡也都熟悉。然而，今日的課堂中已增加了不少的國際學生，但本國人對他們成長的社會環境與經驗所知有限（例如：學校制度、社經狀況），因此在判斷時所能參考的依據相對不足，經常會陷入不知的未知。

第三節　文化價值與決策

由於國家文化所涵蓋的範圍廣泛，每一國都有自己的獨特性。然而，為了要更清楚的比較文化之間的差異，跨文化學者不斷的探詢文化之間的異同。國際文化研究學者 Adler 與 Gundersen（2008）曾經在他們重要的著作《組織行為的國際面向》（*International Dimensions of Organizational Behavior*）一書中引用跨文化研究學者 Trompenaars 和 Hampden-Turner 在 1990 年代初期對 28 個國家的 15,000 位管理者所

進行的研究，其中一個交通事件的情境如下：

> 有一天，你到了某一個國家去看朋友，他開車載你在鄉間小路兜風，一邊聊天一邊看風景，你注意到這條小路行車的速限只有 20 公里，但是你的朋友卻開了 35 公里。不久，果然很快就有交通警察騎了一台摩托車跟在車子後面，並且把你們攔了下來。根據當地的法律，警察開超速單之後，會有法庭的法官作裁決判定要如何處罰。由於你是唯一的目擊證人，法官相當重視你的證詞。法官問你：「你的朋友是否有遵守當地行車速度的限制，保持在 20 公里以下？」你知道由於沒有其他目擊者，法官會將你的證詞作為一個主要的判斷依據。如果是你，你會不會跟法官作證：「我的朋友並沒有超速？」

其結果發現，來自加拿大、美國、澳洲、瑞士等國家的研究參與者，有超過 90% 以上表達不會作證，因為這些管理者認為法律應適用於每一個人，不會因為對方是否為自己的朋友有任何的例外。相對的，在南韓、俄羅斯、委內瑞拉等國家，只有少於 50% 參與研究的管理者表達不會作證，有超過半數以上會以作證來支持朋友。這樣的差別被歸類為文化差異的一個面向，前者為「普遍主義」，而後者為「特定主義」。這些比較的結果及分類，也常被用於文化研究與實務訓練之中。

第四節　國家文化比較

在探討國際互動時，研究者嘗試比較文化之間的差異，以期提供給在文化之間移動的人一些參考。以下介紹幾位學者所提出來的架構。

一、《文化地圖》(*The Cultural Map*)八向度

國際管理的學者 Meyer 在 2014 年出版的《文化地圖》一書中，把過去研究者所列出的文化面向整理為八類（圖2-2）。

(一) 口語溝通 (communicating)

「低語境」或「高語境」(low context vs. high context)。前者是指溝通者希望以語言或文字，儘量地完全表達內心的想法；後者則是指溝通者會以情境脈絡中的信號為輔助，在口語方面通常採取較為含蓄的表達。

(二) 評核回饋 (evaluating)

「直接」或「間接」(direct vs. indirect)。在給予對方考核的回饋意見時，前者會以直接的方式說出來；而後者會以建議的方式，並顧及感受的面向。

(三) 說服他人 (persuading)

「原則優先」或「應用優先」(principle-first vs. application-first)。

前者在說服他人時會先以一般性的原則為前提，再說明事情為什麼應該這麼做，屬於演繹法邏輯。而後者則是以事實與實例來支持某項行為的做法，屬於歸納法的邏輯。

（四）領導團隊（leading）

「平權」或「層級」（egalitarian vs. hierarchical）。前者接近低權力距離，領導者與部屬之間被視為平等關係；後者則有明顯的權力差距，權威與職級是領導中的主要元素。

（五）決策方式（deciding）

「共識決」或「由上而下」（consensual vs. top-down）。由於領導風格的不同，其決策的方式可區分為以團隊成員共識為主，或是以權威者指令為基礎。

（六）信任基礎（trust）

「任務基礎」或「關係基礎」（task-based vs. relationship-based）。前者的信任建立在工作任務的表現，例如：「因為你持續有高品質的績效，因此我可以信任你」，人際的連結主要是以工作任務為主。而後者的信任則是來自於人的關係，例如：是好友介紹的人、是自己交往的友人。因為我認識這個人，因此可以信任，而人際的連結是來自於花工作以外的時間相處和認識。

（七）反對意見（disagreeing）

「直接對質」或「避免直接對質」（confrontation vs. avoids confrontation）。當面對不同的意見衝突時，前者偏向採取直接說清楚、講明白；而後者則會採取緩和的處理，避免與對方直接對質的作法。

（八）行程安排（scheduling）

「線性時間」或「彈性時間」（linear-time vs. flexible-time)。前者的行程安排是比較精確的，並且會依線性的方式按照排好的時程來進行。相對的，後者的時間觀念比較彈性，對於行程的變化接受度較高。

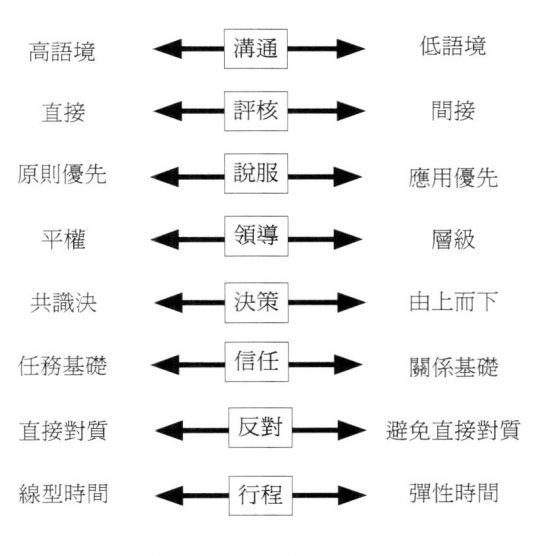

高語境	← 溝通 →	低語境
直接	← 評核 →	間接
原則優先	← 說服 →	應用優先
平權	← 領導 →	層級
共識決	← 決策 →	由上而下
任務基礎	← 信任 →	關係基礎
直接對質	← 反對 →	避免直接對質
線型時間	← 行程 →	彈性時間

圖2-2　文化地圖八向度

二、Hall的國家文化面向

Hall是較早期的國家文化研究學者,他在知名的著作《沈默的語言》(*The Silent Language*)中描述了不同文化在認知上的差異(Hall, 1959/1973)。這些認知會成為一種沈默的語言,對人際溝通產生很大的影響(表2-1)。例如:「高語境」與「低語境」的差異最早是由Hall提出,他認為不同語境會帶來文化之間的誤會,因為「高語境」在溝通之中重視情境的訊息,使用的表達方式偏向委婉含蓄;而「低語境」文化則強調直接且明白的表達,由於這樣的不同,經常成為誤解的導火線。

表2-1 Hall之國家文化面向

文化面向	文化差異	
時間	理性 重視行程安排	彈性 對時程較隨意
空間	象徵社會階級 謹慎安排空間和順序	無關社會階級 不在意空間和順序
物質	象徵權力與地位	不一定象徵權力與地位
人際	互利 很快且容易建立關係	關係 重視長期且持久的關係
溝通	低語境 強調清楚詳細的協議	高語境 心照不宣,建立在信任上

三、Hofstede的國家文化面向

至70年代,另一位跨文化學者Hofstede(1980)出版了一本書《文化的重要地位》(*Culture's Consequences*)。在書中,他以跨國公司IBM為個案,以問卷蒐集約40個國家中的員工與工作相關的價值

觀,再經過統計分析之後,該研究萃取出國家文化的主要面向。從最初的四面向文化模式歷經幾次的補充,目前發展出六面向的國家文化模式(Hofstede et al., 2010; Hofstede Insights, 2020)。這六個面向常被用來作為比較國與國之間差異的參考。以下為六個面向的說明。

(一)個人主義與集體主義(individualism vs. collectivism, IDV-COL)

個人主義文化重視個人的目標、功能、責任及自我實現;集體主義文化則重視群體的目標、和諧及福利,對組織有情感的依賴。

(二)權力距離(power distance index, PDI)

高權力距離文化中,人們接受階級差異和不平等的權力,組織中強調權威與服從的價值;在低權力距離文化中,人們強調權力的平等,組織中重視參與及平權。

(三)不確定性的規避(uncertainty avoidance index, UAI)

高不確定性的規避代表其文化對新想法、風險及改變抱持著較保守的態度。相對的,低不確定性的規避則代表其文化較願意去嘗試改變和接受新想法。

(四)陽剛特質與柔性特質(masculinity vs. femininity, MAS-FEM)

陽剛特質的文化傾向競爭、物質成功和工作成就,在組織中,薪水、表揚、晉升是相當重要的。相反的,柔性特質的文化則傾向撫

育、同理和高品質的生活,在組織中,關係、合作、員工安全等等被視為是重要的價值。

(五)長期取向與短期取向(long-term vs. short-term orientation, LTO-STO)

長期取向的文化價值強調對未來的重視與計畫,例如:勤儉、顧及未來生活;短期取向偏向重視過去及現在,因此強調傳統、義務及面子的維護等。

(六)放任與約束(indulgence vs. restraint, IVR)

放任取向的文化對人們追求享樂抱持比較寬容的態度,認為人們應該重視樂趣及需求的滿足;相對地,勤勉取向的文化則較重視對欲望的管理及社會的規範。

這些面向的提出,對後續的國際文化研究有顯著的影響,也經常作為實務工作者的參考。但是也要注意它的限制。第一,這些文化的抽樣是來自於同一跨國公司,因此公司的組織文化也會影響測量的結果。第二,大部分的數據是在1970年代末期取得的,與今日各國的社經及政治情況都已有不同,也因此這六面向的架構僅可以提供初步的參考,但不適合作為判斷某一文化特性之唯一依據,必須在實際的文化互動中隨時調整。

四、Trompenaars 和 Hampden-Turner 的國家文化面向

同樣的,另外一組學者 Trompenaars 與 Hampden-Turner(2012)

在其著作《乘著文化的波浪》(Riding the Waves of Culture)中,也把文化分成七個面向,每一個面向都是作二分的區別。

(一) 普遍主義一特殊主義(universalism-particularism)

前者是指真理只有一個,不論是什麼情況,這個客觀存在的標準都應該被遵守,例如:法律。相對的,後者主張每件事都需考量它的特殊性,才能決定採取的作法。

(二) 個人主義一社群主義(individualism-communitarianism)

前者強調每個人是獨立存在的個體;後者認為個人的定位是存在於群體之中,任何決定都需考慮對團體的影響。

(三) 關係特定一關係擴散(specific-diffuse)

如果老闆請員工們到家裡幫忙粉刷牆壁,你心裡有些不願意,你會拒絕嗎?關係特定是指公領域和私領域有很清楚的界線,工作上偏向重視客觀績效。相對的,關係擴散則是在公領域和私領域之間比較模糊,交疊在一起,重視關係的建立,而在工作上偏重社交活動。如果在關係特定的文化中,由於公私界線很清楚,你如果拒絕去粉刷,老闆也許比較不會在意,甚至他也沒有理由要員工到家裡來粉刷。但如果在關係擴散的文化中,公私界線比較鬆散,上司找公司員工來家裡粉刷也就不足為奇了,員工也會因為重視關係,而比較不會拒絕。

(四) 中性一感性(neutral-affective)

這是指人際互動中的情緒表達程度。「中性文化」的情緒外顯

得不多,常被形容很理性、冷靜,例如:日本、德國等文化。相對的,在感性文化中,個人的情緒會很直接且自然的表達,不作太多的隱藏或掩飾,例如:義大利、西班牙等。

(五)成就—歸屬(achievement-ascription)

在成就取向的文化中,社會地位來自於個人的成就與表現;在歸屬的文化中,社會地位來自於個人所具備的條件,例如:資歷、年齡、學歷、社會關係等。

(六)序列—同時(sequential-synchronic)

描述不同文化對時間的運用。在序列文化中,事情按順序處理,工作上要求須依照明確的行程;在同時文化中,多種事物可以同時存在,對時間的觀念比較彈性。

(七)內在控制—外在控制(internal control-external control)

這個面向代表人們對自然環境的信念。內在控制文化相信人們能夠主導外環境;外在控制文化相信外環境對人有控制力,偏重外在因素的影響。

Trompenaars的七面向與Hofstede的理論類似,也是以二分法的方式,將文化的複雜度簡約成二個光譜端點,方便文化之間的比較與理解。二分法的分類與文化的複雜及多變性有一段距離,但它提供從事國際事務的人員一套簡要的架構,在實際互動中可作為初步思考與分析的參考。

五、文化內之差異

由於文化的面向非常的廣泛，在跨文化的研究中，以二分式的方法來區別文化的差異是很常見的作法。把文化分成相對的兩邊，再把國家分成對照的兩端，例如：美國是個人主義，日本是集體主義。由於這樣的分法相對簡明，受到實務界廣泛的使用。然而，也由於它被相當普遍的運用，必須要注意它所存在的問題。

這樣的分類，它的優勢在於架構簡要，對於派外人員，或者是在職務中需接觸多種文化的工作者，能夠很快的得到一個藍圖。但是，事情總是一體兩面，簡化的國家文化模式雖然容易瞭解上手，但是，它們只是相對比較出來的（陳國明，2003）。而且在同一個國家中，還是存在著內部的差異。因此，即使學習了這些國家文化的面向與區別，也需要注意它只是一個國家文化的大致狀況。而文化真實的樣貌，仍是需要回歸到實際的互動中去瞭解與調整。

文化研究者曾提醒，國家內部的文化差異（intra-cultural variation, ICV），並不會比國際之間來得小（Au, 2000; Trompenaars & Hampden-Turner, 2012）。例如：Hofstede的國家文化模式，是給予每個國家一個分數。以個人主義為例，美國的分數是91分，而台灣是17分。這些分數僅是一個平均值，如果以常態分配的圖來表示文化價值的傾向，國內的差異並不一定會比國家之間的差異小。

如同圖2-3所示，以個人主義／集體主義為例，B國個人主義的分數高於A國，根據一般的詮釋則是：來自B國的人，個人主義的價值觀強，因此重視自己為獨立的個體。相對的，A國在個人主義的分

數低，表示該文化中的人們偏向集體主義。這樣的二分法，雖然提供了平均值的意義，但從圖中可以看出，A國在國內的差異（C到B的距離），以及在B國之中的差異（A到D的距離），都不一定會小於A到B的距離（國與國的差異）。換言之，在A國之中也會有相當個人主義的人（接近B點），而在B國之中也會有相當集體主義的人（接近A點）。

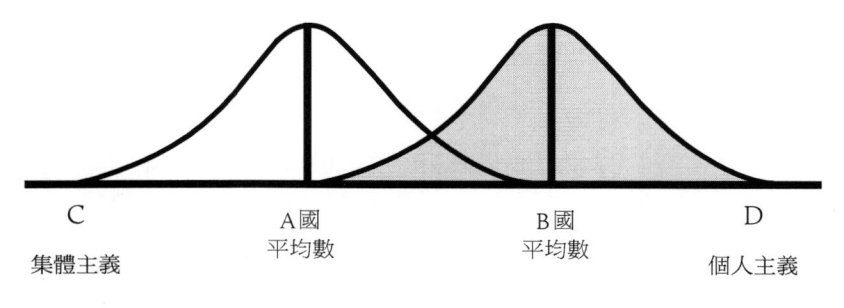

C 　　A國　　　　B國　　　　D
集體主義　平均數　　　平均數　　　個人主義

圖2-3　文化內的差異

因此，當我們使用二分法的國家文化模式時，也需要時時對實際狀況保持覺察與敏感性，以便能調整內在的文化認知，以期對當地的「環境」及互動的「個人」做出適切的判斷。

第五節　結語

　　隨著國際交流的增加，對文化的認識有助於理解新的互動關係。研究文獻中對國際文化的比較與歸類，提供了人們一個初步的依據，但它也僅能當作起點，真實的情況仍需依靠持續的理解。國際化的時代，除了人際之間表層顯而易見的不同，如何看到冰山下的差異，從未知走到已知，進而找到共處的方式，這些都是邁向多重文化職場與社會時所面對的課題。

第三章
文化智力與敏感度

　　人們在進行國際任務時需要文化智力（culture intelligence）及文化敏感度。研究者曾引用經濟學人智庫（Economist Intelligence Unit）對六十多個國家高階管理者所進行的調查，其結果指出近九成的主管認為跨文化管理是他們面臨很大的挑戰（Economist Intelligence Unit, 2006; Livermore, 2010, p. 14）；而跨文化人才的缺乏也是主管須面對的難題（Ng et al., 2009）。這些研究結果呈現出文化能力對組織運作的重要性。

第一節　文化智力

　　文化智力的定義是「能在跨文化的環境中有效運作的能力」，是由Earley與Ang兩位學者所提出（Earley & Ang, 2003）。文化智力也被稱為文化智商（cultural quotient, CQ），常與智力商數（intelligence quotient, IQ）和情緒商數（emotional quotient, EQ）一起被提及，併列為3Q。

　　文化智力分為四大面向，並再細分為11個子構面（Van Dyne et al., 2012；圖3-1）。四大面向包括：動機性文化智力（motivational CQ，以下簡稱動機CQ）、認知性文化智力（cognitive CQ，以下

簡稱認知CQ）、行為性文化智力（behavioral CQ，以下簡稱行為CQ），以及後設認知性文化智力（meta-cognitive CQ，以下簡稱後設認知CQ；Ang et al., 2020）。

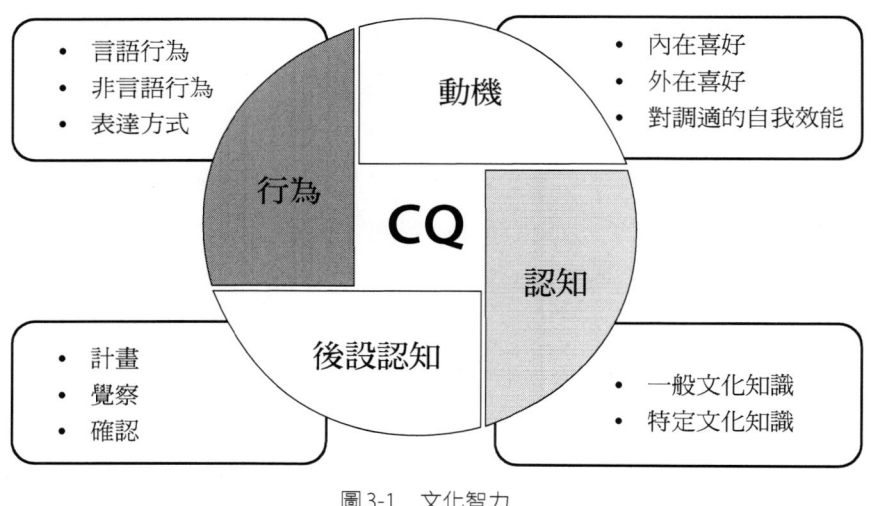

```
行為
• 言語行為
• 非言語行為
• 表達方式

動機
• 內在喜好
• 外在喜好
• 對調適的自我效能

認知
• 一般文化知識
• 特定文化知識

後設認知
• 計畫
• 覺察
• 確認
```

圖3-1　文化智力

一、動機CQ

指個人對跨文化的互動具有動機，注意相關文化議題，並且願意投注心力來學習如何在多元文化的情境中工作。動機CQ包含了3個子構面。

（一）內在喜好（intrinsic interest）

文化動機是來自於內在的因素，例如：對學習新事物的好奇。

（二）外在喜好（extrinsic interest）

文化動機是來自於外在的因素，例如：派外的報償、國際知名度。

（三）對調適的自我效能（self-efficacy to adjust）

對於自己因應文化而調整的能力具有信心。

動機CQ是屬於文化互動中的驅力，帶動跨文化的學習，並且促進互動的循環持續。

二、認知CQ

認知CQ是屬於知識的層次，分為一般性文化知識（cultural-general knowledge）及特定性的文化知識（cultural-specific knowledge）。

（一）一般文化知識

所謂的「一般」是指文化之間的共通性或共有的元素，例如：社會中權力的關係（高權力距離與低權力距離）、溝通的方式（高語境或低語境）等。不論是進入那一個國家，在社會中幾乎都會遇到權力關係及溝通的問題，因此這些知識被歸為一般文化認知，是國際人員共同所需的能力。

（二）特定文化知識

相對地，「特定」文化則是屬於個別文化所特有的獨特性，是一種內部的觀點。例如：到東北亞的日本工作與到非洲史瓦帝尼工作，

所須具備有關當地法規及風俗民情的知識就很不同。其次,它也指國際工作者因為任務而有不同的需求,例如:企業界國際經理人需瞭解當地經濟商業運作、貨幣利率等;而國際醫療服務工作者需對當地醫療體系及特有的疾病有所認識。也因為能力的建立必須因地制宜,故在訂定國際人員職能與訓練內容時,必需先釐清任務的性質與工作的地點。

三、後設認知CQ

個人能深一層觀察自己對文化的假定、反省檢視自己的思維模式。有學者把它列為是策略層次(Livermore, 2010),包括了三種功能:計畫(planning)、覺察(awareness)及確認(checking)。

(一)計畫

在跨文化接觸前預先想好策略。

(二)覺察

在跨文化接觸的當下能注意到自己及別人的想法。

(三)確認

當實際接觸經驗與預期不同時,檢視自己的假設及調整心理地圖。

後設能力在跨文化互動之中扮演極為重要的角色,在心中能對外在環境及自己的行為保持覺察,進而調整。這樣的能力必須要透過練

習而逐漸增加。例如：正念練習（mindfulness）。另外，靜坐、瑜珈、禮佛、禱告、朝拜等也是常見用來提升心靈覺察的方法。

四、行為CQ

（一）言語行為（verbal behavior）

使用言語的彈性，例如：快一些、慢一點、大聲、小聲、熱情的程度。

（二）非言語行為（non-verbal behavior）

因應文化而使用非言語表達的彈性，例如：姿勢、臉部表情、肢體語言等。

（三）表達方式（speech acts）

運用適合某一文化的表達方式，包括用字的選擇、直接表達的程度。例如：和德國人可以直接說「不」，但如果面對較含蓄的文化，也許會稍微委婉的說「我試試看」（Van Dyne et al., 2012）。

文化智力的四個構面提供了一個培養國際力的藍圖，也可以作為分析及檢視國際化過程的參考。例如：在組織中推動國際化的過程中，經常會碰到的困難是鼓勵或要求使用雙語，效果卻不彰。從文化智力的角度檢視，這即涉及了動機面向。組織中的成員們如果沒有跨文化動機，需要先予以正視。如此，後續的學習及能力提升才可能予以開展。

第二節　跨文化敏感度

在與不同文化群體的互動中，跨文化敏感度也是常被提及的一項能力。它代表人們能在與其他人互動時察覺到文化的異同，而且不妄加給予價值的判斷，例如：對錯、優劣，以及正面與負面等。

針對這項能力的發展，Bennett等學者建構出一個六個階段的模式，稱為跨文化敏感度發展模式（developmental model of intercultural sensitivity, DMIS），其定義及提升能力的方法整理如下（Bennett, 1993, 2017; Hammer et al., 2003）。

一、對差異否認（denial of difference）

（一）定義

由於環境的孤立，或沒有機會接觸異文化，使得人們完全沒認知到不同文化的存在。這樣的情況下，人們對差異的存在是沒有察覺的。

（二）提升策略

在這個階段，為了要提升覺察，可以使用的方式包括介紹不同文化的食物、音樂、服飾、建築等，增加其對異文化的意識。但此一階段的互動，由於瞭解有限，可先避免論及文化之間重大的差異。

二、對差異防衛（defense against difference）

（一）定義

雖然對差異的存在有瞭解，但卻採取否定的態度。認為自己的文化優於其他文化，而對其他文化存有刻板印象及負面態度。相對的，也有一種是相反方向的，認為別人的文化都優於自己的文化，對自身的文化缺乏認同與信心。

（二）提升策略

在這個階段，可強調文化間的共同性，以及共同的優點，以團隊發展的方式強調不同族群相互合作的需求。

三、極小化差異性（minimization of difference）

（一）定義

當事人有察覺，也接受表層的文化差異，例如：飲食習慣。但基本上，這個階段的人會假定別人都像「我們」一樣。這樣的假定具有民族優越的傾向，或是僅看到共同點，強調「與我們相似」的地方。

（二）提升策略

在這個階段，可運用影片、社經與歷史的分享、文化環境模擬活動等方式來介紹異文化，補足當事人在認知及概念上的缺口。

四、接受差異性（acceptance of difference）

（一）定義

在這個階段，人們在認知上已經相信文化是互相關連的，察覺並欣賞文化的異質性，接受文化的不同及多樣性。然而，在行為的方面，還未能充分調適。

（二）提升策略

為了持續提高敏感度，除了認知上對差異的接受，必須進一步讓當事人能透過實踐，將行為運用於實際情境之中，以期能因應不同文化而調適。

五、適應差異性（adaptation to difference）

（一）定義

除了在認知上能理解，以及接受差異的存在，並且能在行為上調整適應。

（二）提升策略

在這個階段，如果希望繼續提升文化敏感度，可以透過配對的方式，讓當事人直接與來自不同文化的人有更直接與頻繁的溝通，更瞭解彼此的真實生活，例如：瞭解當事者在社區的日常人際互動，以及與組織成員之間的合作等。

六、整合差異性（integration of difference）

（一）定義

在這個模式的最後階段，人們除了能在行為上適應之外，也已經能將多元的參考架構內化。因此，當事者可以在多重文化視野之間轉換。當他們在不同文化之間遊走的時候，都感覺到自在。

（二）提升策略

「整合」是這個模式中最成熟的階段，但需要持續檢視本身對自身文化與異文化的態度，保持彈性與反思。

第三節　跨文化能力：發展觀點

DMIS採取的是「發展性」的觀點，假定能力是可以逐步的培養並改變。同樣也是採取發展的觀點，學者整理過去的文獻建構出「跨文化成熟模式」（intercultural maturity model; King & Baxter Magolda, 2005）。這個模式將此項能力的養成分為三個時期：發展初期、轉換中期、發展成熟期。每個時間又分為三個面向，文化認知、內在自我、外在人際（圖3-2）。

初期
文化認知：僵化固定
內在自我：缺乏自我價值
外在人際：自我中心

中期
文化認知：接受不同
內在自我：開始探索
外在人際：願意開放

成熟期
文化認知：多重框架
內在自我：整合內外在
外在人際：有意義的互依

圖 3-2　跨文化成熟模式

一、發展的初期

（一）文化認知

在這個時期的人們會對知識保有僵化且固定的歸類，對文化之間價值與實務的差異抱持著過於天真不成熟的態度，個人無法接受自己的觀點被挑戰，而且會視不同的文化觀點是錯誤的。

（二）內在自我

對自我的價值以及社會多元群體（種族、階級等）之間的互動缺乏意識與理解，對自我的認定與界定僅依循外在的信念，並把差異視為是威脅。

（三）外在人際

這個時期的人對自我的認同是依賴與自己類似的人所建立的關係

為主,並且視不同的觀點是錯誤的。個人缺乏對社會制度和規範的意識,且以自我中心的角度看待社會問題,尚未視社會為一個整體。

二、轉換中期

(一)文化認知

這個時期個人已發展出對不確定性和多重視角的意識和接受度,從接受權威的知識,轉變成有能力自己思索,並判斷是否接受某些知識的論點。

(二)內在自我

個人對自我的認同不再僅依賴外在的看法;相對地,在探索內在價值與認同的過程中,內部和外在的定義有時會產生緊張的關係。除了沉浸在自己的文化中,也能夠承認其他文化的正統性。

(三)外在人際

此時期,個人願意與多元團體互動,並開始探索社會系統如何影響群體規範和群際之間的關係。

三、發展成熟期

(一)文化認知

到了這個時期,人們能夠有意識的將視角和行為轉變為另一種文化世界觀,並且能夠使用多重文化框架。

（二）內在自我

此時人們有能力創造內在自我、挑戰自己對社會認同的看法（階級、種族），具有自我挑戰與反思的能力，建構整合的自我認同。

（三）外在人際

有能力與多元的個體建立有意義且相互依存的關係。欣賞人與人之間的差異、理解個人與社區的實踐影響社會制度的方式、願意為別人的福祉而付出。

依據上述的三個時期，後續研究者也蒐集實務的資料來強化這個模式的內涵（Perez at al., 2015）。這樣「發展性」的觀點，為跨文化能力以及國際力的學習提供了理念的基礎。

第四節　結語

本章從理念層次，介紹文化智力、文化敏感度，以及跨文化成熟模式。這些概念有助於對國際力的內涵有進一步的瞭解，做為方案設計的基礎。然而，對於實務人員而言，最關鍵的問題是「該如何發展？」本書的第三篇將從訓練方案規劃、學習方案設計、自我學習的角度進一步來說明跨文化能力發展的內涵。

第四章
心理基模的改變

　　心理基模（schema）是代表每個人從生活經驗中所學習到的知識。它由日常經驗累積成形，並逐漸穩定，之後可被運用於類似的生活情況之中。例如：當我們受邀參加一個慶生會，心裡會浮現出來的畫面是什麼？有生日蛋糕、禮物、蠟燭、生日歌等等。這些畫面幫助我們決定合適的穿著及行為表現，而它們就是我們的基模。基模像是我們的資料庫，在遇到類似的情況時，已經建立好的基模便可幫助我們適當的判斷，並採取相對應的行為（Pidduck et al., 2020）。

第一節　基模的失靈

　　當我們離開原有的社會進入另一個文化，基模有時會失靈。因為新的事件發生，舊有的認知與新的情況產生不協調時，舊的基模反而會造成判斷的錯誤。即使是一個單純的生日派對，當人們身處在異文化中時，可能會發現慶生的方式和自己的文化不同，例如：送禮物的忌諱、抵達派對的時間、衣著的顏色等，都會有差異。
　　皮亞傑（Piaget, 1926/1929）認為人的發展是一種生命適應的歷程。所謂的「適應」，是指個體的認知結構（基模）因環境的衝擊而主動改變的心理歷程，而跨文化衝擊便是其中一種。換言

之，我們的基模在日常生活中提供了良好的參考架構，然而，有時候會因既有的模式相當好用，卻慢慢變得過於僵化，在新環境中產生失靈。在這種情況之下舊基模無法成功運作，便需要重新進行評估與調整（Chang, 2009）。例如：亞馬遜（Amazon）網站曾經在夾腳拖鞋上加上印度國父甘地（Mohandas Karamchand Gandhi）的頭像並且販售，為此印度國內引發強烈的反應（BBC News中文，2017）。然而在美國，把政治人物的頭像印在拖鞋上其實是很平常的作法，包括華盛頓（George Washington）、林肯（Abraham Lincoln）、川普（Donald John Trump）等總統的照片及畫像都曾被印在夾腳拖上來販售。顯然，對亞馬遜的決策人員來說，在美國適用的基模，直接套用在印度的文化時，就出現了失靈與誤解。此時便需要進行基模的調適。

乍看之下，基模的調適似乎不太困難。但是在實際的跨文化互動中，調整基模其實並不容易。其主要的原因是基模已經深深的附著在人們的心中，它的出現及應用自然到我們甚至毫無察覺，直到在互動中出現困難時，我們才會被迫停下來檢視造成困難的原因。例如：在筆者訪談的過程中，一位在國際上提供公衛教育的專業人員分享，到了服務的國家，他們剛開始很困惑為什麼當地的人連簡單的洗手習慣都沒有。為此，他總是不斷的提醒當地人要洗手，但不論怎麼提醒似乎都沒有效果。過了一段時間，這位台灣的同仁才發現，對當地人而言，他們連生活都有困難，更不要說要購買洗手所需的肥皂。他回想自己剛來時，只用自己在台灣的思維，認為洗手這麼簡單的事，為什麼都不願意做。然而，他卻沒想到要用肥皂洗個手在當地卻是一件

很奢侈的事情。這時他才發現了自己的基模,並且不自覺的把自己習以為常的想法直接套用在別的文化中,造成他對當地居民的誤解以及判斷的誤差。

許多實際的案例顯示,當人們離開舊有的文化環境後,常會出現以下兩種問題:

一、當事人未能察覺基模已不適用,在使用舊有基模時卻出現失敗的結果。

二、即使已經察覺了舊有基模不能使用,但由於在當地的經驗不足,新的基模還未建立,因此出現不知所措的困擾。

基模的失靈對於派外工作者及移民者尤為困難,也因此他們進行調整的需求比在國內的國際工作者要來的迫切且範圍廣泛。面對這樣的情況,需要耐心進行跨文化學習,協助基模改變,以適應新的環境。

第二節　基模的調適與歷程

基於適應新環境的需求,基模會隨著外在文化環境而調整,稱為「跨文化互動基模模式」(schemata model for intercultural encounters; Beamer, 1995; Varner & Beamer, 2011),這個模式指出,為了適應新文化,基模會出現移動。當人們剛接觸不同的文化時,由於還缺乏與社會的互動,因此人們尚無法正確的捕捉在該文化中的行為與意義,只能用自己原有的認知去理解新文化,之後隨著對新文化的

逐漸瞭解，基模會慢慢調整，更往真實的情況靠近。Hammer等人（2003）以「認知架構的移動」來形容這樣的基模調整。如圖4-1所示，當來自A文化的人們初次與B文化互動時，他們會自然的以原有的認知建立起對B文化的投射（即B'），但是它與真實的B文化仍有一段距離。在經過一段時間有更多的互動與瞭解後，當事人所投射的B'會逐漸往真實的B文化接近，此時，人們在新文化中的處事慢慢有所依據，能更適切的回應新的環境。此時當事人對自己在新環境中的生活與工作更有信心，產生出一種適應的感受。

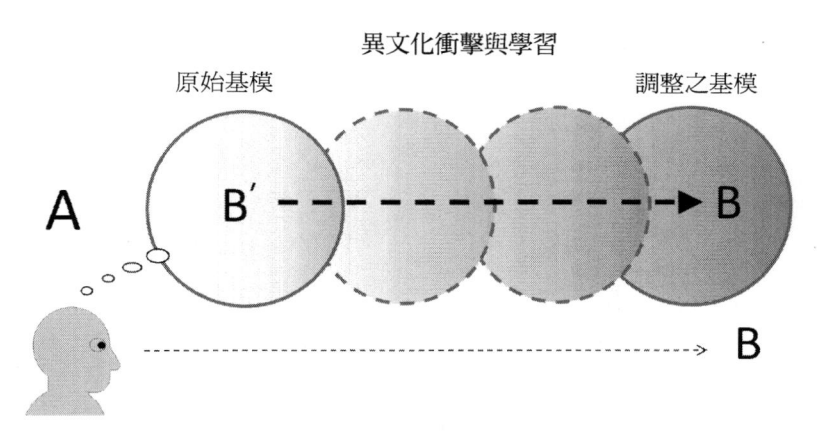

異文化衝擊與學習

圖4-1　跨文化認知架構的移動

　　根據實務資料的分析研究，在跨文化適應中，基模的調適會經過以下的過程（Chang, 2009；圖4-2）：一、跨文化互動；二、基模失靈及文化衝擊；三、基模的覺察；四、內心的拉扯與緊張；五、內在的對話；六、尋求文化資訊；七、內外在的再平衡。

一、跨文化互動

與異文化的接觸，引發人們看到文化之間的相同與差異。

二、基模失靈及文化衝擊

在面對新文化時，長久以來的認知或判斷標準無法順利適用，產生驚訝及不適應的感受。

三、基模的覺察

文化衝擊往往是我們看到本身基模的觸媒。基模是我們從日常生活的經驗中慢慢養成的，所以已經習以為常，並不容易察覺。但是，當我們在不同的文化中看到差異，產生文化衝擊時，存在已久的基模就會被對比出來。

四、內心的拉扯與緊張

在初期，當事人內心會產生拉扯與緊張，這是因為習以為常的基模受到了一個衝擊。此時外面的價值或行為與我們的價值觀之間存在著一個落差，尚未找到共識。如果拉扯的狀況嚴重的話，就會產生困惑、生氣、沮喪等負面的情緒。雖然當事人並不一定感到舒服，但這其實是一個機會，能看到長久以來自己所使用的行為及思維模式。而這個察覺也有助於後續的調整與拓展。

五、內在的對話

當內在的緊張出現時,當事者會不斷的進行內在的對話。個人可能會不斷的詢問自己:「我這樣做錯了嗎?到底問題在那裡?對方是對的嗎?我能夠接受到什麼樣的程度?是對方改變還是我改變?為什麼是我要改變?如果對方都不改變,那我應該要怎麼做呢?」這些問題反覆出現,且來來回回。透過這個對話的過程,當事人能重新檢視並且調整舊有的模式。

六、尋求文化資訊

在調整的過程中,人們對於異文化的資訊通常還不充足,所以需要不斷的去探尋對於新文化的認識,期望能有愈來愈精確的看法。為了這個目的,人們通常會去尋找當地的友人或機構獲取關於新文化的知識。透過更清楚的資訊,幫助人們修正對這個文化的投射與理解,調整自我對話,並且逐漸確立新的基模。

七、內外在的再平衡

隨著舊有基模的拓展及轉變,新的基模形成。此時,對外在的環境便能夠有更準確的詮釋與應對,進而產生游刃有餘的感受。如同 U 型曲線所呈現,此時人們的適應曲線會往上走,慢慢出現比較適應的感受。

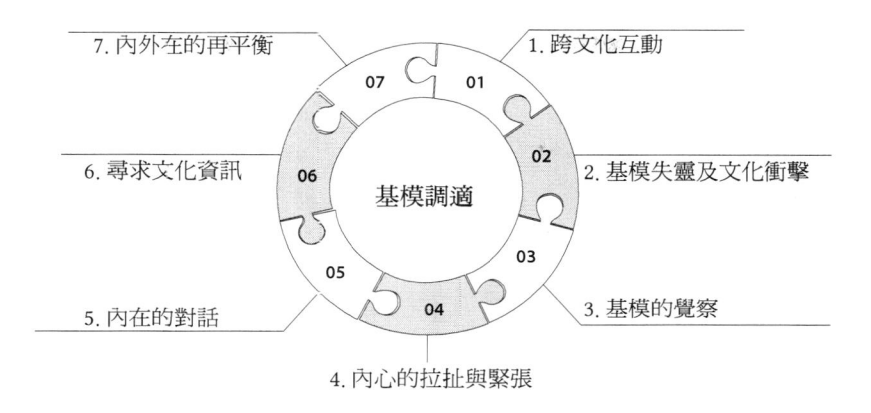

```
         7.內外在的再平衡           1.跨文化互動
                      07    01
                         02
  6.尋求文化資訊    06  基模調適     2.基模失靈及文化衝擊
                         03
                  05
  5.內在的對話         04        3.基模的覺察

              4.內心的拉扯與緊張
```

圖 4-2　跨文化基模調整歷程

第三節　跨文化的學習

　　基模的改變是跨文化學習的一部分，它與個人環境的互動有關，也會經歷一段內在與外在相互影響的歷程。

一、個人－環境互動理論（person-environment interaction theory）

　　跨文化的學習是個人與環境不斷互動的動態過程，幫助個人在新環境中逐漸適應。它與心理學領域的「個人－環境互動理論」（Lewin, 1935）息息相關。這個理論指出個人與環境的互動是一個動態的過程。環境一方面影響人們的心理假設與認知結構，另一方面，人們的需求、目標、價值及偏好等，會左右他們對環境的詮釋與回

應（Neufeld et al., 2006）。以學習的角度而言，在跨文化環境之中所產生的改變也是個人與環境互動的結果。依據跨文化學習歷程模式（Chang, 2007），文化能力的學習往往是起始於文化的接觸，進而發展出文化的意識（態度層面），以文化意識為根基，開始吸收文化知識，增加文化理解及敏感度（認知層面），進而培養實務應用的技能（行為層面）。最後，藉由持續接觸多元文化的意願，文化的學習循環可以延續。而這個內在與外在交替互動的過程，也常為個人的成長帶來意料之外的結果。隨著人們對外在的探索，也帶動了個人內在更深的瞭解。換言之，文化能力不再只局限於討論人們應如何對待少數族群或處理歧視的議題；它已擴充成為更廣泛且層次更高的認知。從過程中，更理解個人如何面對自己的獨特性，以及在社會的脈絡背景中處理不同群體的差異性、相似性，甚至於衝突的根源點（National Association of Social Workers, 2007）。

二、學習歷程

跨文化的適應是一個學習的過程，依據對派外人員的實務研究，其歷程可分為三個層次：外圍層（peripheral level）、認知層（cognitive level）、反思層（reflective level; Chang, 2007），見圖4-3。

（一）外圍層：接觸與覺察（encounter and recognize）

此階段屬於「文化表層」，人們剛接觸異文化時，感受到在食、衣、住、行等方面的不同，時常會產生新鮮與興奮的情緒。此時，人

第四章　心理基模的改變

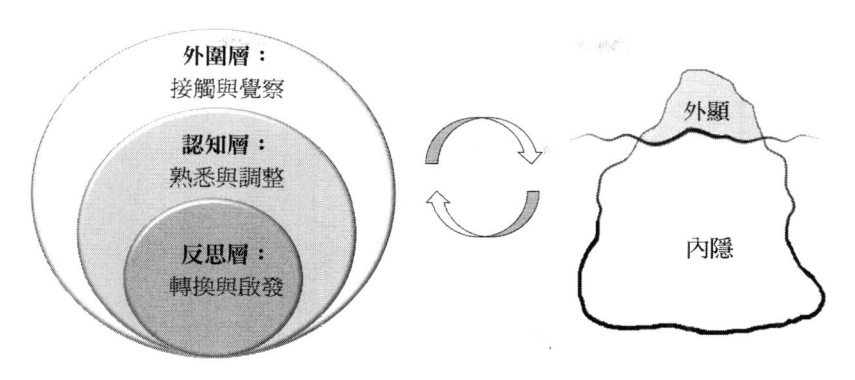

圖4-3　跨文化學習歷程

員往往能夠藉由許多事例來描述異文化的不同,但仍無法有系統的分析新的經驗,以及如何選取合適的互動策略。

(二)認知層:熟悉與調整(familiarize and adjust)

　　在經過一段時間與異文化接觸後,國際工作者逐漸熟悉文化間的差距,並且能在文化的異同之間,發現需要調整的切入點,運用於工作之中,更有效且恰當地推動他們的工作。例如:有海外服務的醫療人員提到,有些村落的人會主觀的認為貧血就需要吃一些紅色的東西才能補血。因此,如果有些婦女貧血,而醫生開白色的藥丸給她們時,她們認為白色藥丸不能達到好的療效,甚至認為白色的藥丸會讓她們吃了更虛弱。也因此醫生在用藥時,就會考量當地的習俗,在不影響療效的前提下進行調整。

(三)反思層：轉換與啟發（transform and enlighten）

此一層次是屬於文化學習中最深層的部分，涉及人們對現有假設的深思，以及更根本的轉變，從而改變他們對於自己和外在世界關係的觀點。在過程中，當事者會經歷衝突、沮喪、壓力，但在經驗過後常會感受到新的觀點與對生活的啟發。從實務研究中發現，許多國際服務的派外人員都認為接觸異文化的經驗很根本的改變了他們。例如：一位工作人員說，來到這裡後發現自己以前在台灣其實是有歧視的，但過去從來沒有覺察。透過和當地人的相處，引發了他自己的反省，也慢慢轉變舊有的框架，逐漸看到別人文化的美，也真正產生一種文化平等的感受。

正如Suarez-Balcazar與Rodakowski（2007）所言，文化能力的形成是一種個人成長、啟發、與體悟的過程。透過這樣的學習與轉變，我們更瞭解如何適當的對待與我們在各方面都相當不同的人（例如：外型、思考、行為），並且有能力共處與成長。

第四節　結語

根據皮亞傑的理念，個體的心智發展是在一次又一次的失衡與平衡之間連續循環的結果。當人們遇到異文化，跨文化學習協助基模逐步的拓展及改變，從外圍層、認知層到反思層，經歷內在的拉扯緊張、對話、尋求外在資訊等過程，進而重新達到內外在的平衡，在新環境中得到安適與自在。

第五章
跨文化溝通

人與人之間的溝通涉及了認知與詮釋，來自不同國家及文化背景的人們在進行溝通時，他們過去的經驗會影響這些過程，因而使人際之間的溝通更增加了複雜度。例如：溝通的過程中應保持眼神接觸嗎？如果不同意對方的看法，應該直接說「不」嗎？與國外機構的主管見面，是稱呼職銜還是名字？在互動的過程中，當對方點頭，是否代表了同意與接受？這些疑惑經常出現在跨文化溝通的過程中，因為不同文化之間的微小差異便有可能成為溝通誤解或衝突的源頭。

第一節　人際溝通模式

溝通能力代表個人可以有效的接收和解讀訊息，同時採取適當的行動來回應那些訊息。在日常生活中，即使是一個簡單的交談，都包含了溝通的多個元素。圖5-1呈現一個基本的溝通模式，包括了10個元素：訊息發送者（sender）、編碼（encoding）、訊息（message）、傳送管道（channel）、接收者（receiver）、解碼（decoding）、接收者反應（receiver response）、回饋（feedback）、干擾（noise）、環境脈絡（context; Jandt, 2018）。

一、訊息發送者：引發溝通的一方。

二、編碼：發送者把訊息用某一種方式表達。

三、訊息：要傳達的內容。

四、傳送管道：訊息被傳送的方法，例如，當面、書面或透過第三者傳達等。

五、接收者：接受訊息的人。

六、解碼：把訊息打開，涉及詮釋及理解的過程。

七、接收者反應：詮釋理解之後所產生的回應。

八、回饋：傳送回去給發送者的訊息。所傳送出去的回饋與內心真實反應不一定是一致的。

九、干擾：溝通過程中的內在干擾與外在干擾。內在干擾是來自溝通者，例如：當時肚子餓或身體不舒服；外在干擾則來自於環境，例如：噪音、工作氣氛等。

十、環境脈絡：溝通發生時所處的大環境及情境。

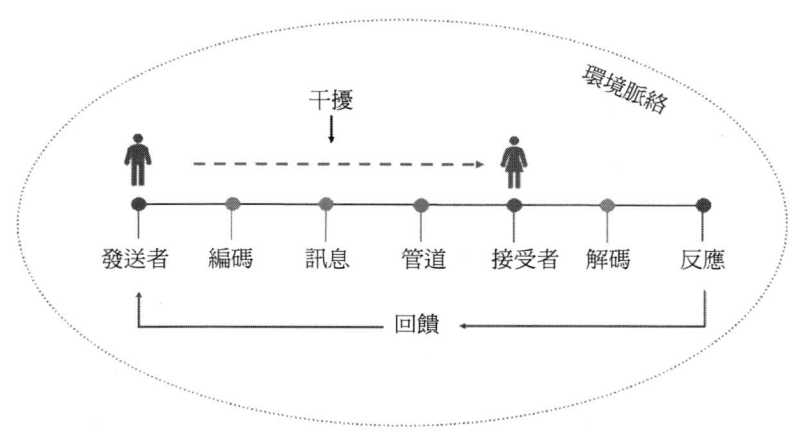

圖 5-1　溝通模式

資料來源：參考 Jandt（2018）。

第二節　跨文化溝通的障礙

　　在跨文化的互動中，經常會出現雖然進行溝通但訊息卻不能被成功傳達的情況，因而形成誤解。例如：有一個廣告，東方的主管宴請西方的合作夥伴吃飯，整桌的陪客都是亞洲人。上菜後，西方的客人並不適應這道亞洲式的料理，但為了表達禮貌，他把盤子裡的食物吃得乾乾淨淨。此時，東方主管看到盤子裡空了，覺得自己招待不周，於是立刻叫餐廳的服務生再把食物補上。補上之後，西方客人又再次把盤中的食物吃光，以表達禮貌。如此，東方主管又再一次請服務生增加食物。這樣子的循環，令人莞爾，而那個西方的客人也頗令人同情。

　　很明顯的，這是一個跨文化溝通的誤會。西方人用吃光食物，來表達「禮貌」的訊息；但這個訊息傳到了東方主管的眼裡，經過他的詮釋之後，成為「客人吃不夠＝我失禮」的意義。吃光食物是一種非言語的溝通，西方客戶把禮貌的訊息，用「吃光的碗盤」來表達，照他的預期，主人看到食物一點都不剩，應該會有開心的感受。然而，這個訊息經過東方主管的解碼，其意義內涵就完全不同。在這個誤會的循環裡，各自文化的影響相當的清楚。

　　即使是生長在同一個國家文化裡，個體之間都可能會因為不同的成長背景而有不同的編碼及解碼的方式，形成溝通的困難。而這樣差異，在跨國家文化的互動中可能會更加明顯，因而造成誤解或衝突。跨文化溝通的障礙來自許多因素，以下是三項常見的原因：「歸因的偏誤與差異」、「刻板印象」及「投射的相似性」（projected similarity）。

一、歸因的偏誤與差異

所謂的歸因,是指人們在看到行為,或遇到一個情況時,會判斷背後的原因為何。在歸因過程中,「基本歸因誤差」(fundamental attribution error)是常見的偏誤,它是指人們在判斷別人的行為時,傾向於高估個人內在因素的影響,而忽略了外環境的變數(Kennedy, 2010; Ross,1977, 2018)。例如:某位部屬開會遲到,上司直接認定是他懶散成性(內在),而非環境中有什麼不可抗力的因素(比如交通的突發狀況)。在跨文化中,歸因的偏誤也容易形成誤解的源頭。例如:有些國家文化對時間的觀念比較寬鬆,在赴約時可能就會晚到。此時,對方可能會直接認定是這個人不重視此次的會面,或生性散漫等。如此,文化因素的影響被誤認為是個人內在的因素,因而對個人產生了負面的判斷與印象。

其次,心理學家以實驗研究發現不同文化群體對事物的歸因會有所差異(Choi et al., 1999; Shimizu et al., 2017)。因為文化價值的不同,例如:個人主義或集體主義,人們在歸因時會偏向著重個人因素或情境因素(Choi et al., 2003; Mason & Morris, 2010),而這樣的差異使得跨文化的溝通變得更加複雜。如果要改善跨文化溝通,需要對文化與歸因的關係有所覺察。另外,研究也發現如果人們在對事物下判斷之前,就得知後續必須提出證明來支持自己所做的判斷,他們在檢視外在的訊息時會更加審慎(Barends et al., 2017; Tetlock, 1985)。換言之,透過責信(accountability)的建立可以有助於減緩歸因的偏誤(Skitka et al., 2000)。

二、刻板印象

刻板印象是指對某類型的人與事有特定的認知與看法。這些認知是由過去的經驗所建立，形成基模的一部分。刻板印象有它的功能，可以幫助人們在短時間之內運用過去的經驗判斷並做出決定（Adler & Gundersen, 2008）。然而，凡事皆有一體兩面。這樣的功能在跨文化環境中，容易形成先入為主的觀念，造成溝通的障礙。因此，文化學者建議人們必須要對自己的刻板印象有高度的覺察。而且一旦進入新的文化環境，就必須依據實際的狀況調整既有的印象，避免迅速妄下判斷。如此，才能運用刻板印象但又減少它所帶來的限制。

三、投射的相似性

「投射的相似性」或「假設相似性」（assumed similarity）表示人在互動中可能出現的認知扭曲。根據美國心理學會（American Psychological Association, APA）的心理學詞典，這個概念是指人們傾向認為其他人都擁有和自己一樣的特質和特徵，屬於人際互動中的一種偏見（Assumed similarity bias, n.d.），這種偏見會影響觀察者對他人判斷的準確性。在跨文化的交流中也會出現類似的現象，人們不自覺的假定他人與我們相似的程度比實際的狀況還要多。在國際的互動中，它會造成當事人對事實的詮釋與實際情況有誤差（圖5-2）。例如：曾有研究者詢問14個國家的管理者，請他們描述一位與他們合作的外國同事，再比對實際狀況之後發現，管理者所描述的同事，與

他們自己相似的程度都比實際的多，這樣的傾向常會讓人們低估或忽略了真實差異的存在與距離（Adler & Gundersen, 2008）。例如：美國人會假定南非同事像美國人、巴西人會假定中國人像巴西人等等。這樣投射的誤差在跨文化的情境中容易造成誤判，導致無法選擇適當及有效的互動行為。

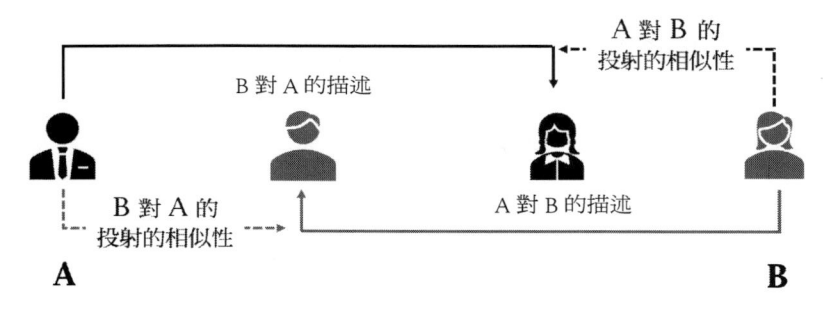

圖 5-2　投射的相似性

第三節　促進有效溝通：不安／不確定感的管理（anxiety/uncertainty management, AUM）

面對新的外在環境及基模失靈，人們會感到不安與焦慮，就如同在人際互動中，當人們見到陌生人時難免會升起不確定感，有時會感到有些緊張。基於此，研究者開始探討如何來減少不安的感覺，並且提出「不確定降低理論」（uncertainty reduction theory, URT; Berger & Calabrese, 1975; Ting-Toomey & Dorjee, 2019）。這樣的理論也被應用來解釋跨文化的互動，因為在國際跨文化的溝通中，很大的一項困

難是雙方的參考架構不同，有時甚至連不同在那裡都不清楚（不知的未知），由於雙方缺乏基本的瞭解因而產生了基模的失靈。為此，跨文化研究學者Gudykunst（1998, 2005）在不確定降低理論中加入管理的概念，拓展成為「不安／不確定感管理理論」。

對不安／不確定感的管理主要是要達到「有效的溝通」。所謂的「有效的溝通」是指：別人在收到訊息之後所詮釋的意思，正是我們想要表達的意思。有效的溝通之所以能夠達成，在於雙方對事物認識和判斷的依據（思維的參考架構）很接近，所以當訊息傳送過去之後，對方所詮釋出來的意思與原意相同或很接近，這樣的溝通便是有效能的。

在溝通的過程中，當事人的一些不安會提高注意力及投入。但是，如果不安焦慮的程度超過當事人能夠負荷時，人們卻會寧可選擇不溝通，以避免任何所設想的負面結果。由於這樣的原因，為了減少消極的逃避，當事者有必要對不安／不確定的感受進行管理。在跨文化的實務中，有一些因素會影響人們是否能管理不安的感受以逐步達到有效的溝通，這些因素可歸納為四大類（Hammer et al., 1998; Presbitero & Attar, 2018）：

一、人際之間：人際網絡、關係的親近性、關注與興趣。
二、團體之間：團體的態度、文化認同感、對當地文化的知識、團體間的文化相似度。
三、溝通訊息的交換：主動的程度、自我表露的多寡、語言能力等。
四、與當地人的互動：在地人正向的態度、良好的接觸經驗等。

當人們在國際移動時如果能掌握以上四大類的因素，將有助於增強人員的「歸因信心」（attribution confidence）。換言之，透過這些因素的強化，使他們對自己的推論更有信心，也降低焦慮（anxiety reduction），進而增加跨文化溝通與適應的滿意度。因此，這些因素可以納入作為訓練方案的內容。另外，學者Gudykunst（2005）也提出有助降低不安感的一項核心要素，即是：「全心」（mindfulness），也可翻譯成「正念」。所謂的「全心」是指，人們全心留意本身的情緒，以及互動時的此時此刻。在全心正念時，人們較能自然的對外界的訊息開放，藉此可以增加對各項訊息的敏感度，並且修正我們原有的刻板印象，使它愈來愈接近實際情況，一方面可以減少不安感，另一方面又可促進溝通的有效性。

第四節　非言語的溝通

一、高語境與低語境

　　由Hall（1976）所提出來的高語境與低語境文化，是與溝通非常相關的概念。來自高語境文化的人，在表達方面，除了借重文字，也會依賴非言語及環境的因素。相比較起來，高語境文化在文字語言方面，會較為含蓄及間接，並使用默會的知識，彼此心照不宣。

　　在《全球化職場的跨文化溝通》（*Intercultural Communication in the Global Workplace*; Beamer & Varner, 2001）一書中，作者描述一個亞洲的老教授，接受美國研討會的邀請，在長時間坐飛機到達目的之

後,接機人員問他:「教授你累嗎?」雖然很累,但他只是淡淡的說:「可以」。事實上,他並不是不累,簡短的文字還必須搭配情境的訊息,例如:眼睛中的血絲、長時間坐飛機而導致腳步蹣跚、有些雜亂的頭髮等等,都在傳達著同一個訊息:「累」。如果訊息的接受者能夠「察顏觀色」,便可以從簡短的文字中看到訊息的全貌。

「高語境」較為含蓄的表達與「低語境」有話直說的特點,常常會出現溝通的問題。例如:在Beamer與Varner(2001)的書中也曾引用一個故事。有一位土耳其學生與美國室友的溝通問題。美國學生在浴室修剪頭髮,但還未清理。土耳其學生進去之後看到,很希望美國學生能立刻去清掃浴室,於是他對美國學生說:「我注意到你修頭髮了。」美國學生一聽,很開心的說:「對哎,你注意到了!」土耳其學生發現美國學生並沒有能瞭解他的意思,於是就再一次說:「我注意到你在浴室修頭髮了。」可惜,美國學生仍然沒有捕捉到土耳其學生真正的意思,只是表現得很開心。相對的,土耳其學生卻很沮喪,他覺得自己已經盡最大的能力在表達「請清理浴室」的訊息,但是卻都沒有成功。當他把這樣的沮喪告知朋友時,朋友則提醒他,你要把清理的訊息直接告訴對方。

同樣的,編碼與解碼的差異,是高語境及低語境溝通產生問題的原因之一。在這個案例中,土耳其學生把「打掃」的訊息,在編碼的過程中,加在「我注意到你修頭髮了」的封包之中,然而,當訊息的封包被美國學生解碼之後,封包中只剩下「我注意到你修頭髮了」,而真正的意涵「打掃」卻沒有被看到。由於高語境與低語境的文化在

「編碼、解碼」有所落差,常使得溝通的雙方發生誤解。

二、看不見的規則

在溝通過程中,非言語的溝通也占了相當大的比重。在《跨文化溝通導論》(An Introduction to Intercultural Communication; Jandt, 2018)一書中描述不同文化中的聊天模式。有些文化偏向打保齡球的方法,談話是依照順序輪流發言,還沒輪到你的時候,都只是傾聽。然而,有些文化的對談則類似打網球,你打來,我就必須立刻回應;任何時間、任何人都可以自由說話,不必要按照一定的次序。如此的差異,使得不同文化背景的人在談話時,需要花時間來磨合,找出新的規則,以期使對話可以維繫。

談話的方式即是一種非言語的溝通,也是在地人行之有年的潛規則,屬於冰山中水面以下的部分,文化的外來者的確需要一段時間摸索和理解。一般而言,非言語溝通出現在生活中很多面向,例如:手勢、眼神接觸、表情、語氣、談話時的距離、沈默的運用等等。經常都會因為詮釋的不同,而產生無法理解或誤解的狀況。

三、手勢的意義

在美國讀書期間,我也曾發生過非言語溝通無法理解的狀況。當時,美國教授把我們分成 6 組,由於她需要確認每一位同學的組別,所以她逐一叫了同學的名字,請我們告知她我們的組別。很快的,老師叫到我的名字,我其實只要用英文大聲的喊 "six"(六)就可以。但

是由於我坐的座位在教室的後段,離老師比較遠,而自己又是班上唯一的外國學生,對於要在眾人面前大喊有些不好意思。為了讓事情快速的解決,因此我迅速地高舉右手比了一個「六」的手勢。美籍老師看了我的「六」,不僅沒有快速理解,反而是停了兩秒後困惑的回答:"What?"此時,全班都看著我。我希望快點結束這個時刻,於是我把手舉得更高,又再用力比的一次「六」。但是,老師瞪大了眼睛更加困惑,而且又再說了一聲"Ha?"當老師第二次發出疑惑不解的聲音的時候,我當下突然瞭解,原來老師不是看不清楚,而是看不懂我的手勢。頓時才明白:原來在台灣用了二十多年習以為常的手勢「六」竟然不是「大家」都認得的。當時,我非常明顯的感受到「文化」的存在。而這個文化的存在,竟然讓我毫無覺察且自然地認為世界其他國家的人都可以理解我所習以為常的手勢。而在這個經驗裡,不僅體會到了非言語溝通的障礙,也看到了自己「不知的未知」。

第五節　結語

　　跨文化溝通是一個動態且持續的理解過程,要順利的進行包含了許多面向的配合。也因此,即使是再有經驗的國際工作者,也無法保證每次都能成功。然而,如果能先學習相關的概念,並透過一次又一次的練習、反思與修正,它還是可以漸進到位。另外,在過程中保持開放與自我幽默的心情,會有助於在各種挑戰中安然地通過。

第六章
跨文化適應

當人們面對不同文化的挑戰時,會產生心理的壓力或緊張,為了回到內心的平衡,人們會在心理與行為方面採取一些改變,希望與新環境達到協調。經過這個歷程,個人對新環境會感到比較舒適,甚至產生了「家」的感覺,這就是跨文化的適應(cross-cultural adaptation; Holliday et al., 2017; Kim, 2017)。跨文化適應是一個學習的過程,而文化衝擊(culture shock)所帶來的不適往往是它的起點。

第一節　文化衝擊

人類學家Oberg最早於1960年提出文化衝擊的概念,形容人們接觸到新文化時,所產生的不適應現象包括六個面向(Oberg, 1960; Ward et al., 2001):

一、壓力:適應不熟悉環境的壓力。

二、失落:失去朋友、地位、專業、所有物等的失落感。

三、抗拒:包括抗拒新文化的成員,或是受到新文化成員的排斥。

四、困惑:對於角色、角色的期待、價值觀、感覺、自我認同感等感到困惑與混亂。

五、驚訝:察覺文化差異後,感到驚訝、焦慮,甚至是厭惡或憤怒。

六、無力：因為無法因應陌生的環境，而產生無力感。

國際人員在不同的文化中，遇見新的情況往往會令人相當混淆。其中的困難大多是來自於既有參考架構的失靈。例如：一位台灣的派外人員在沙烏地阿拉伯的達蘭，所有熟悉的判斷依據可能都完全不同，在周圍充斥了如此多的訊息，令當事人不知從何處開始去理解所處的世界，原有在自己家鄉對周遭事物所建立起的判斷準則，在沙烏地阿拉伯無法全然的適用，當事人需要一個新的參考架構。因為這樣的需求，人們開始調整或改變原來的架構。也因此，雖然文化衝擊似乎隱含了負面的經驗或是情緒，但是如果能有效的因應與管理，反而會成為正向發展的助力，例如：自尊的增強、認知的開放與彈性、包容不確定感、對自己與他人更有信心、社交互動上更有能力等（Cushner & Karim, 2004; Frank & Hou, 2019）。

第二節　調適（adjustment）曲線

經歷文化衝擊時，人們會開始進行跨文化的調適。從1950年代開始，就已經有研究在探討跨文化調適的過程，經常被引用的是「U型曲線」及「W型曲線」。它們代表個人在新文化適應時情緒感受的變化。

一、U型曲線

從形狀上來看，U型曲線可分為四個時期（Black & Mendenhall,

1991)：蜜月期（honeymoon stage）、文化衝擊期（cultural shock stage）、調整期（adjustment stage）、熟悉期（mastery stage）。U型曲線一開始是在高點，也就是「蜜月期」，一切都是新奇的，似乎都很美好。因為嘗試許多不同的事物，在情緒上呈現興奮且有點不安的狀態。經過了一些時間，當事人可能會遇到新環境中累積的挫折及茫然，而進入「文化衝擊期」的低潮，此時會想念自己的家鄉，甚至會出現身體的不適。在這個階段，有些人始終無法進入適應期，就會選擇離開或放棄。然而，隨著時間增長以及與當地人互動的增加等，也有一部分的人會進入「調整期」，先前的不適應會慢慢減少或消失，身心逐漸能安住在新的文化之中。最後，進入「熟悉期」，對新文化中的生活感到熟悉及自在。

同樣是U型曲線，有學者再把它細分為五個時期（Jandt, 2018）。

（一）第一階段是初次接觸新文化，稱作「初期興奮期」（initial euphoria），在這個階段對一切新的事物都感到新奇和興奮。

（二）第二階段是「衰退期」（disintegration），此時因為失去以前熟悉的線索，在面對新文化與不同的經驗時會產生敵意。

（三）第三階段是「重建期」（reintegration），此階段開始將新學習的線索重新整合，以增加適應新文化的能力。

（四）第四階段是「逐漸調適期」（gradual adjustment），個人逐漸有自主（autonomy）的能力，並可以分辨母國文化與新文化中的「好」與「壞」。

（五）第五階段是「相互依存期」（reciprocal interdependence），

個人已擁有雙文化（biculturalism）的概念，但是，要達到這個階段可能需要花費好幾年的時間，且並非每個人都能達到此階段。

不論文化衝擊被細分為幾個階段，它們都試圖描述人們接觸新文化時所遭遇到的身心變化，成為進一步研究跨文化適應的基礎。

二、對 U 型曲線的再檢視

U 型曲線雖然被廣泛使用來理解人們的調適階段，但後續的研究也發現，不一定每個人進入新文化時都有「蜜月期」。有些人反而是在一開始時就感受到很大的障礙（Ward et al., 1998, 2001），直接進入「低潮期」。之後隨著情況好轉，曲線會逐漸往上，彷彿像一個 J 的曲線。

這樣的檢視也讓不同種類的調適歷程被呈現出來。後續也有研究將調適過程中的「情緒」與「適應」分開來探討（Rivera, 2014），更加釐清適應過程中的不同面向。

三、W 型曲線

W 型是由兩個 U 型曲線結合，第一個 U 型是當人們進入新文化，而第二個 U 型則是又回到自己的母文化時，也會重新經歷文化適應期。如果我們用小滴管把顏料加入一大杯水中，起初看不出顏色的改變，但它其實已經與原來的水不同，而這就像是文化對人們的影響。經過一段在異文化的生活，其實有許多習慣與原來在母文化時已產生

了一些不同，而這些不同在人們回到自己的文化時就會被對照呈現出來，出現常見的反文化衝擊，也是需要經過一段時間調適。

不論是那一種適應的曲線，人們會關心：是什麼因素讓曲線往下，以及往上移動。其實，曲線的移動和基模的改變息息相關，隨著基模的改變，心境的感受都會經歷起伏上下，不論是何種適應的曲線，隨著基模順利的調整，人們會逐步感到適應。

第三節　異文化的認同與適應

一、社會認同

跨文化調適的過程與個人的社會認同有所關聯。所謂的社會認同是指：人們有一種內在的傾向，把自己歸類到一個或多個群體中，把自己視為這個群體的成員。這樣的認知成為對自己身分認同的一部分，因而強化了與其他群體的界限（Tajfel, 2010）。

社會認同的概念有助於理解人們的適應過程。學者 Byram（1997, 2003; Byram et al., 2001）發展出一個跨文化能力的模式，其中提到人們的適應是在不同文化中尋找多重身分與認同的折衝。例如：在異文化一段時間後，個體會自然的接觸到另一個文化，並且有新的團體與經驗。此時，他們會有兩種文化的經歷。這些經歷一方面增加了知識與技能，但另一方面，也可能因而產生認同的矛盾。尤其當這兩個體系在價值觀上有很大的差異時，會在認同上產生不相容的情況，如此便會出現調適的問題。此時，需當事人以更高的視野，在看似矛盾中

尋求相容。如果他們有了這樣的能力，可以進一步扮演文化之間的調解人，緩解文化之間的衝突，提高整合的可能性（Byram, 2003）。

二、適應模式

在跨文化心理學中，人們如何適應異文化一直是被討論的重點。從1960年代開始，學者Gordon（1964）提出了一個單面的線性適應模式，它指出人們在異文化中會從原來的自我文化價值，逐漸走向接受當地的文化價值。然而，這樣的模式僅採用單一的方向，過於簡略。因此在1970年代，學者Berry（1974, 2017）把它擴充為雙面向，包括「自文化」及「他文化」，並依照當事人對兩者的認同，將文化適應分為四類：整合（integration）、同化（assimilation）、分離（separation）、邊緣化（marginalization；如表6-1）。

（一）「整合」代表認同自身文化及他文化的價值與特色；
（二）「同化」是僅認同他文化的價值；
（三）「分離」為僅認同自身文化的價值；
（四）「邊緣化」則為對自身文化及他文化都不認同。

當人們在國際遊走頻繁時，如果對自文化與他文化皆保有認同感，則會形成整合的架構。但如果在認同感的方面沒有取得平衡，則可能成為文化的邊緣人，對雙邊的文化皆不認同。

表6-1　文化適應四面向

認同他文化的價值	認同自身文化的價值	
	是	否
是	整合（integration）	同化（assimilation）
否	分離（separation/segregation）	邊緣化（marginalization）

資料來源：修改自 Berry (2017, p. 22)。

雖然，Berry的模式已包括了雙邊的文化，但其適應仍是以外來移居者的態度為主，並沒有考慮到當地人。因此，後續的研究再繼續擴充，納入當地人的態度與行為，成為改良版的「互動適應模式」（interactive acculturation model），以及「相對性的適應模式」（relative acculturation extended model; Bourhis et al., 1997）。它們的主要重點是加入「相對」的概念，在瞭解適應的過程時，考量雙邊的因素，包括：思考方式、社會關係、家庭關係、經濟、工作、政治等（Navas et al., 2005）。這些模式可用於分析人員是否能適應的原因，協助派外人員或移民者認識本身的狀況。其次，目前許多國家面臨人才外流（brain drain），上述模式中的各項因素也有助於探討人員在異文化中的適應，以規劃相對應的協助方案，促進人才的流入（brain gain）。

第四節　適應：內在與外在的互動

異文化適應通常被視為一種「對外」的過程，但事實上，從許多實務人員的經驗中發現，「對內」拓展能幫助對外的適應。也就是一

個人在踏入他人的文化領域之前，先嘗試理解自己及自己的文化，會對外部的因應有所幫助。曾經有研究者以德菲法（Delphi method）的方式，針對教育工作者、人力資源經理、外交官、培訓人員和政府官員進行一項調查，分析全球能力的內涵進而提出全球職能模式（global competence model; Hunter et al., 2006）。其中，對自我文化的瞭解被視為是核心要素。同樣的，學者Deardorff（2006）所建構的跨文化能力過程模式（process model of intercultural competence）也強調學習過程中，內在的彈性及平等的文化觀會帶來外在的成果，例如：有效的溝通、行為的調整等。

每個人內在都有未知的領域，而如何去探索這個領域，開拓對自我的認識，一直是心理學中重要的課題。美國心理學家喬瑟夫·勒夫（Joseph Luft）和哈里·英格拉姆（Harry Ingram）共同建構了「喬哈里之窗」（JoHari window; Luft, 1961; Tran, 2016），把人的內在分為四個區域：

一、公開區：自己知道，別人也知道；

二、隱藏區：自己知道，別人不知道；

三、盲點區：自己不知道，別人知道；

四、未知區：自己不知道，別人也不知道。

他們認為人們如果能拓展自己未知的部分，例如：盲點區、未知區，將有助於促進與他人的互動。但是，如何能拓展內在的未知呢？實務研究發現，增加國際的接觸與經驗是一種方法（Chang et al., 2012, 2013）。

當人們選擇到異文化，當初的動機大多是想多認識其他國家，開拓自己的國際觀。然而，在這個過程中，當事人在探索外在環境的同時，卻也被引導進入自己內在的新環境中。這個過程的起點主要是由於當事人對新環境不熟悉，很多事務必須重頭學，過去的一身武藝因為派不上用場，迫使當事者只能放下熟悉的自己，一切歸零從頭開始。其次，因為剛到新環境，還未建立新的人際關係，在電腦網際網絡還不太發達的時期，人們與自己家鄉的親人朋友很遠，聯繫的管道與次數減少，因此多了許多時間只能和自己說話，加深了與自己的對話與理解。由於要處理很多從未遇過的情況，他們會看到自己不知道的軟弱、偏見或脾氣。但另一方面，也會被激發出自己從未看過的勇氣與潛能。在筆者的研究中，幾乎受訪的派外實務工作者都表示，因為異文化給他們的求生挑戰，讓他們變得更瞭解自己。如圖6-1所示，從探索外在的世界開始，由外而內、由表層到深層，這是一個個體與環境互動的循環過程。一方面開展了內在的領域，也使當事人更有能力適應外在的異文化，而這樣的「自我認知」又成為持續增進國際能力的要素（Chang et al., 2012）。

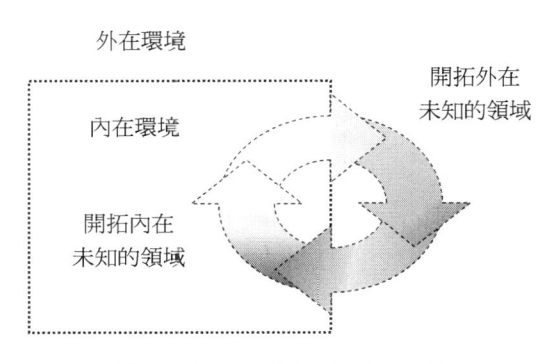

圖6-1　環境—個人之互動與探索

資料來源：修改自Chang等人（2012, p. 244）。

第五節　結語

　　跨文化適應是個人在新文化中逐漸發揮自我功能的複雜歷程（Haslberger, 2005）。它涉及的層面很廣泛，包括：面對文化衝擊，經歷調適曲線、重新定位社會認同、與當地社群的互動，以及開拓未知領域等。在這個過程中，外在新的挑戰帶動內在的因應機制，引發人們新的視角，產生一種交互作用的效果。外在的經驗帶動內在的改變；而內在的改變又再帶來對外在新的詮釋，在適應環境的過程中，也感受到自我的提升。

第七章
跨文化差異與衝突

在人際互動中，衝突是常見的現象之一。「衝突」一詞是指個人、團體或組織間，因目標、認知、情緒和行為的不同，而產生矛盾和對立的互動歷程（國家教育研究院，2000）。同樣地，根據《牛津字典》，衝突是指個人、團體或國家有嚴重不一致的看法或涉及強烈的爭執。因比，所謂的「跨文化衝突」則是指發生在不同文化之間的爭議或不一致（Batkhina 2020）。換言之，人際之間的衝突成因很多，而當它們是因為不同文化背景的差異帶來誤解分歧，產生負面情緒，甚至導致敵意的行為時，它便形成跨文化的衝突。

第一節 跨文化衝突的成因

不同國家間的跨文化衝突，是屬於人際衝突的一個面向。其形成的原因依照文化能被觀察到的程度約可分為三個層次。

一、文化表層

文化中物質性的客體，以及可見的風俗儀式。物質性的客體包括了衣著、食物、手勢、標誌等；風俗儀式則包括了節日、祭祀、慶典等。因為這些物質是實體的存在，而儀式也是明顯易見，因此，在這

個層次，文化之間的異同比較容易被對照，如果是在表層產生了分歧與衝突，也較容易被辨識出來。

二、內在價值層

相對於物質與儀式，內在的價值是比較看不見的。但是人們可以覺察得到。例如：我們對時間的觀念，有的人是比較準時，有的人是比較鬆散，於是在約時間開會時，就會出現差異。準時的一方，可能會認為遲到的另外一方不積極，或者認為對方對自己不尊重，進而產生責備的口氣或是不滿的情緒。相對地，遲到的一方，他可能認為：「在我的國家，大家的習慣就是這樣」，因而覺得對方的責備是不可理喻的。如此，從行為層面的差異開始（表層），連結到歸因與詮釋的不同，進而變成誤解，最後成為跨文化互動的衝突。

三、核心理念層

有時候人們在跨文化互動中會感受驚訝或是不舒服，可是一時之間可能沒有辦法立刻分析出是什麼原因。這種情況表示所見所聞的現象或行為與深層的核心理念有所差異，因而產生了不協調的感受。而這些核心的理念是當事人長久以來已經接受、習以為常，甚至忘了它的存在，成為一種潛意識。雖然，當事人不一定能立刻辨識出原因，但這樣的衝擊可能在未來成為一個衝突的源頭。

跨文化的衝突可能出現在任何一個層次，也可能混合了不同的層次。例如：美國Thom McAn皮鞋公司在國際的銷售就是一個真實的

案例。當它們的鞋第一次在回教國家上市時,當地發生了嚴重的示威,造成了超過50人受傷(Cullen & Parboteeah, 2013; Salomon, 2016, p. 99)。會發生這麼重大的衝突,公司也感到很驚訝與不解。事後經過調查,才發現原來是當地人對皮鞋的標誌有全然不同的詮釋,誤以為美國的公司對他們回教的信仰有不尊敬的意思,因此才不惜以流血衝突,來表達對真主阿拉的捍衛。在這個嚴重的跨文化衝突中,它同時包含了表層的客體(鞋子的標誌)、價值觀(腳是不乾淨的),以及深層的信念(宗教的信仰)。面對這樣的情況,具備文化智力有助於處理跨文化的衝突(Caputo et al., 2018)。

第二節　衝突的時程與解決

人際衝突的發生通常有一個時程,學者把它們分為五大階段:潛在的對立(potential opposition)、覺察與感受(perception & feeling)、解決的意向(intention)、採取的行為(behaviors)、產生的結果(outcomes; Barki & Hartwick, 2001; Thomas, 1992),見圖7-1。

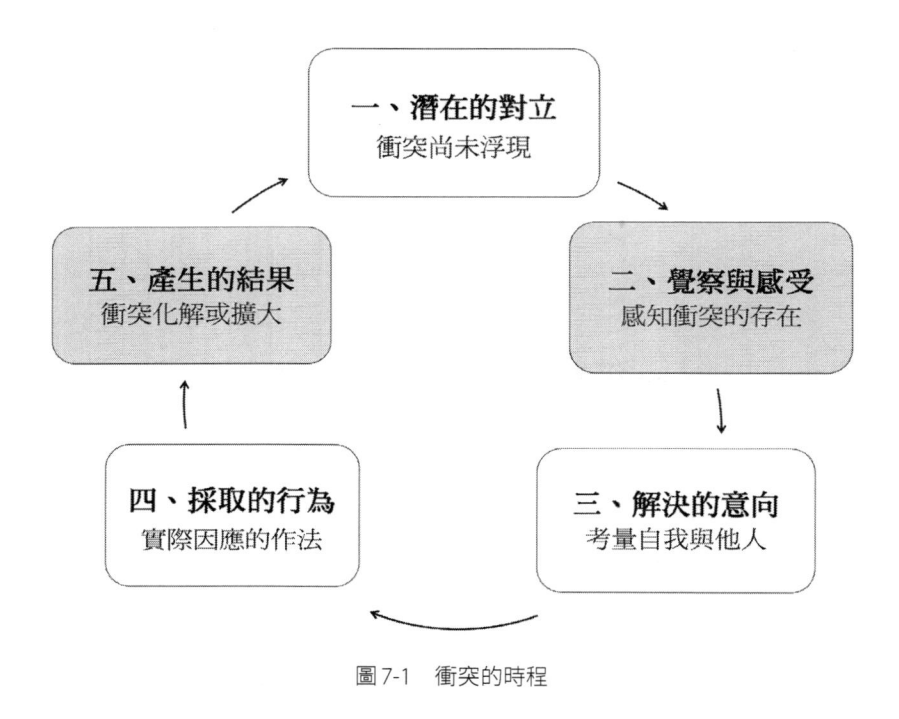

```
         ┌─────────────┐
         │ 一、潛在的對立 │
         │ 衝突尚未浮現  │
         └─────────────┘
        ↗              ↘
┌─────────────┐      ┌─────────────┐
│ 五、產生的結果│      │ 二、覺察與感受│
│ 衝突化解或擴大│      │ 感知衝突的存在│
└─────────────┘      └─────────────┘
       ↑                    ↓
┌─────────────┐      ┌─────────────┐
│ 四、採取的行為│  ←   │ 三、解決的意向│
│ 實際因應的作法│      │ 考量自我與他人│
└─────────────┘      └─────────────┘
```

圖 7-1　衝突的時程

一、潛在的對立

在這個時期，雖然已存在差異，但衝突並未浮現出來。

二、覺察與感受

當事人已經隱約的意識到有衝突的存在，並且感受到衝突所帶來的情緒。

三、解決的意向

在面對衝突時,當事人內在的想法可分為兩個向度:考量自己的需求、考量別人的需求。依據這兩個向度的高低,學者將化解衝突的意向分為五種(Thomas & Kilmann, 2008)。

(一)競爭(competing):自己高、別人低

以考量自己的需求為主,顧及對方需求的程度較低。

(二)順應(accommodating):自己低、別人高

以儘量符合別人的需求為主,對自己需求的考量低。

(三)協作(collaborating):自己高、別人高

充分考量自己與別人的需求,希望創造雙贏的可能。

(四)妥協(compromising):自己一半、別人一半

對自己與他人的需求,都各考量一部分,尋求雖不滿意但可接受的結果。

(五)逃避(avoiding):自己低、別人低

對自己及別人的需求均只有很低的考量,希望以逃避來對應。

四、採取的行為

個人在決定解決的意向之後,進而選擇行動來因應。可能的行為包括了以下具體的作法(戚樹誠,2017):
(一)予以區隔:在任務或空間上作區隔,以期暫時減少互動。
(二)確立法規:法規是團隊中最低的行為規範,需清楚明確。
(三)透過第三方:由第三方來協助整合。
(四)採取輪調:轉換日常工作或活動領域。
(五)進行對談:進行談判或折衝。
(六)推行訓練:對團隊內或團隊間進行訓練。
(七)給予更高層的外部挑戰:創造更高層或更難的挑戰,匯聚內部不同的力量。

在溝通方面,Rosenberg(2015)在《非暴力溝通》(*Nonviolent Communication*)一書中提出化解衝突的方法,包括:溝通過程中仔細聆聽、瞭解對方及自己的需求、避免在言語之間暗示對方有錯、以正向的方式提出化解衝突的策略等。

五、產生的結果

經過行動之後,衝突可能被化解,或者反而是擴大及加劇。

學者所提出的階段雖然有一個次序,但在實務中,它們不一定是線性發展,可能是交錯存在,而且,也可能經歷好幾次的循環。對衝突時程的瞭解,有助於對跨文化衝突的緩解。在初期覺察的階段,當

事人通常會隱約感覺到歧異的存在,例如:對 e-mail 中的用詞或對話時的語氣產生心裡的不舒服。此時,有跨文化敏感度的當事人,會開始思考或蒐尋可能的原因,例如:可能來自編碼與解碼的差異、基本歸因的誤差、基模的不同等因素。由文化的角度來理解差異,可以減少從小誤會擴大為嚴重衝突的情況。

第三節　跨文化衝突處理的能力

面對跨文化衝突,學者提出了一個四面向的能力模式(Ting-Toomey, 2004),前三者為:知識(knowledge)、互動能力(interaction skills)、全心正念(mindfulness);第四項涉及了人際互動中的重要議題——「臉」(face)。根據《劍橋字典》(*Cambridge Dictionary*)的定義,它代表了「面子」或「尊嚴」(Face, n.d.),與人的情緒與感受有緊密的相關(Brummernhenrich, et al. 2021; Eko & Putranto, 2021),因此,處理面子與尊嚴(facework)的能力成為此模式中的第四個面向(圖7-2)。

一、知識

當事人在感知到衝突時,有時會產生對方「不可理喻」或「莫名其妙」的感受。此時,如果在知識層面,具備跨文化的認知,例如:個人主義、集體主義、權力距離大小等,並且能洞察關係與情境的因素,以及衝突中面子協商的過程(face-negotiation process)。瞭解文

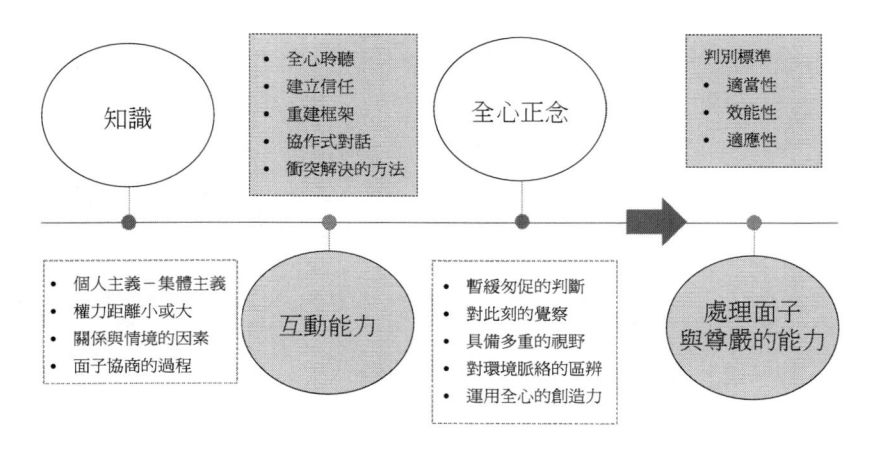

```
        ┌─────────┐              ┌─────────┐
        │ • 全心聆聽 │              │ 判別標準  │
  ╱──╲  │ • 建立信任 │    ╱──╲    │ • 適當性  │
 │知識│ │ • 重建框架 │   │全心正念│ │ • 效能性  │
  ╲──╱  │ • 協作式對話│   ╲──╱    │ • 適應性  │
        │ • 衝突解決的方法│              └─────────┘
        └─────────┘
```

圖 7-2　跨文化衝突處理能力模式

資料來源：修改自 Ting-Toomey（2004, p. 233）。

化間的衝突常是源自於對同樣事物不同的詮釋，而不同的詮釋又是來自於不同個體長久以來所受的文化薰陶。有了這樣的認知，可以增加理解，儘量不立即做出「我對他錯」的判斷。

二、互動能力

　　這個部分包括了全心的聆聽、建立信任，且有能力重新建構框架（reframing），以不同的角度看待衝突的人與事，進行協作式對話，並運用多重的解決方法。要做到這些行為，除了知識面「知道」，仍是需要有全心正念的支持，透過反覆的練習來強化心中的信念，進而能夠在行為上「做得到」。

三、全心正念

這個面向是指人在處理跨文化衝突中,能夠運用反思及同理,並且具備開放性與創造性。尤其是當負面情緒出現時(例如:失望、憤怒),可以試著運用文化智力中的「後設認知」,先安靜一下觀察自身此刻的心情,避免當下做出決定或行為,例如:當我們覺得對方的郵件內容很不禮貌,可能會在氣憤的情緒下立即寫了回信,希望讓對方知道我們的不滿。然而,在跨文化的互動中,不妨在寄出電子郵件之前先儲存一會兒,因為「禮貌」與否的判定與文化是息息相關的,有時會有所誤解。

四、處理面子與尊嚴的能力

雖然各國之間價值觀有所不同,但是面子或尊嚴的議題都具有重要性,例如:在華人社會,人情與面子對人際互動有相當的影響(黃光國,2017)。因此,在化解衝突的過程中,當事人需要有處理面子與尊嚴的能力。而前三項因素:知識、互動能力、全心正念的提升,則有助於第四項能力的發展。而這項能力的高低可以由三個標準來判斷(Ting-Toomey, 2004)

(一)適當性(appropriateness)

這是指個體行為被認為是適當且符合文化期望的程度,並理解文化中的規範及互動的原則。

(二)效能性（effectiveness）

效能性是指在特定的衝突事件中，當事人實現其目標的程度。目標是指衝突雙方希望達到的結果，為了達到預期的結果，當事者須注意在衝突情況下所運用的規則和處理的原則。

(三)適應性（adaptability）

交互適應性是指人們在實際面對面的協商過程中，能調整言語和非言語行為的能力。它也包含了人們調整自己的行為以適應他人互動方式的意願，並在認知、情感及行為層面展現靈活性。

當處理面子與尊嚴的議題時，個人如果能從考慮「自己」拓展為考慮「我們」，則比較可能從一個開闊的角度來看待對立，進而找出潛在的創新因應策略。在處理衝突的過程中，細心覺察以避免誤下判斷的能力至為關鍵，其次，在情緒上要有耐受力，即使在受到誤解時仍能保有理性與公正。有時，要做到是相當不容易的，也因此，在心理能保持正念的能力被視為是處理跨文化衝突的重要元素（Kay & Skarlickib, 2020; Ting-Toomey & Dorjee, 2019）。透過這些面向的相互輔助來因應跨文化的差異與磨擦，拉近雙方的期望，讓不滿的情緒獲得緩解，使衝突可以獲得合宜的處理。

第四節　消解心理對立

在實務的練習方面，多瞭解跨文化誤解的案例及概念，有助於在心理上先消除對立。當對立的感受減低，可改善於衝突情境中的情緒

管理,進而影響雙方實質的互動及行為的結果。學者巴薩德（Barsade, 2002）在組織團體的研究中就發現了人們情緒的交互影響,她以「情緒感染」（emotional contagion）來形容這樣類似漣漪的現象。一個人的情緒會透過言語、聲音、動作等傳遞及擴散到團體之中。而近期的科學發現,也以更多的證據證明了同步的存在。在物理層面,實驗顯示幾個本來節奏不同的節拍器,被放在空罐子上一段時間之後,不同的節奏會慢慢趨向一致,這樣的現象被稱為「物理同步化」（physical entrainment）。同樣的,人們的腦波會與環境刺激逐漸同步,產生「神經同步化」（neural entrainment）的情形（Ross & Balasubramaniam, 2014）。這樣的現象也發生在人際互動之中,個人的感受與情緒會透過同步化,影響到彼此,甚至於是整個團體。因此,當衝突的感知發生並且出現對立的情緒與情境時,科學的發現證明,如果能從心理上先淡化對立,會對外在的行為與後續的處理有所助益。

在《莊子》一書中的〈山本篇〉有一則與處理衝突相關的故事（郭慶藩等人,2018；陳鼓應,2012）。一天,有人在河中划船,對面卻來了一艘空船迎面撞來。船主即使心中有怨,很想發脾氣,但卻因為是空船,沒有發怒的對象,因此也只好作罷。相對的,如果當時情況不同,有人在船上,則划船者必會大聲呼喊希望對方避開,如果都沒有反應,則不免會口出惡言。對照兩種情況,莊子說之前空船時不生氣,但有人時便會生氣,主要的原因是前者是「虛」,而後者為「實」。也因此,面對衝突,除了找出原因加以處理之外,莊子提出了「虛」的方法:「人能虛己以遊世,其孰能害之！」「虛」是降低自我中心

及潛在的驕傲,如此有助於淡化僵化的詮釋或偏見。

在多元的社會之中,人與人之間不同的背景及文化所產生的衝突,難免會帶來不舒服的感受,但它也是一個內心投影的過程,讓我們看到自己的界限(boundary),並且有機會去檢視是否要調整界限。在跨文化的文獻中,常常建議人們要保持「開放的心胸」(open-minded)。然而,許多實務的例子顯示,開放的心胸不是天生自然的,是需要一次又一次的磨鍊,在發生差異衝突的事中及事後靜心檢視,並且做出抉擇。隨著反覆地練習,界限慢慢被拓展,心也才可能逐步地開闊。

第五節　結語

衝突是人際關係中常見的現象,在國際化的環境中,不同文化群族間的互動也是如此。在感知衝突的初期,當事人便可運用文化敏感度,搭配跨文化的概念,來探詢可能的成因,雖然不一定能在短時間找到真正的原因,順利解決所有問題,但透過學理概念與實際案例的學習,有助於在衝突的不同階段中,嘗試選擇適宜的方法來化解內外在的對立。跨文化的互動是人際互動中的一環,至少包含了三項元素:自己、他人與環境。衝突的解決需要三項元素的配合,有時並不容易,但其中任一元素的改變,便會啟動情況的變化,從自身可以著手的地方先開始,有可能會帶動他人與環境,讓複雜的對立有被緩解的機會。

第八章
國際力的內涵

在今日的世界，國際之間的連結日益緊密。在2015年，聯合國（United Nations）提出了17項全球永續發展目標（sustainable development goals, SDGs）及169項指標作為在2030年之前跨國合作的指導原則（United Nations Development Programme, 2015）。在國際經濟方面，《哈佛商業評論》（*Harvard Business Review*）中的文章引用一項調查指出，全球性的連結指數及國際流動仍持續的增加（Ghemawat & Altman, 2019），企業須認知全球化的複雜性，並審慎思考國際發展的策略，以進行必要的調整。為了達到這些目標與任務，具備國際力的人才將扮演更重要的角色。

從第二次世界大戰後，由於國際情勢與全球經濟的需求，國際之間有更多的外交與商業的聯盟關係，並且也擴大對人道的援助，開拓了人們接觸異文化的機會與環境。如此的工作內涵與需求，激發了各領域對國際人才與跨文化能力的關注。為了協助人們在不同文化中發揮效能，研究者開始尋找與國際工作相關的能力。例如：Spreitzer等人（1997）蒐集六個跨國公司在21個國家中838位主管（基層、中階及資深）的意見，指出14項職能有助於辨識國際人才，包括：對文化差異的敏感度、喜愛探索不同文化、保持彈性、尋求學習的機會等。McCall與Hollenbeck（2002）也以類似的方法，訪問36個國家，共

101位具備國際經驗的主管，請他們分享從國際經驗中所學習的必備能力，在歸納後共列出六個面向，包括：處理文化議題、專業工作推展、管理技能、處理人際關係、學習領導特質及自我瞭解。後續研究者也提出文化智力，說明文化知識、動機與策略等，對跨文化任務的重要性（Ang et al., 2020; Charoensukmongkol, 2020）。基於這些研究，本書定義「國際力」為「能與來自不同國家文化的人互動及合作，以完成工作任務的能力，其內涵包括：語言、專業與跨文化能力。」（見圖8-1）

國際力

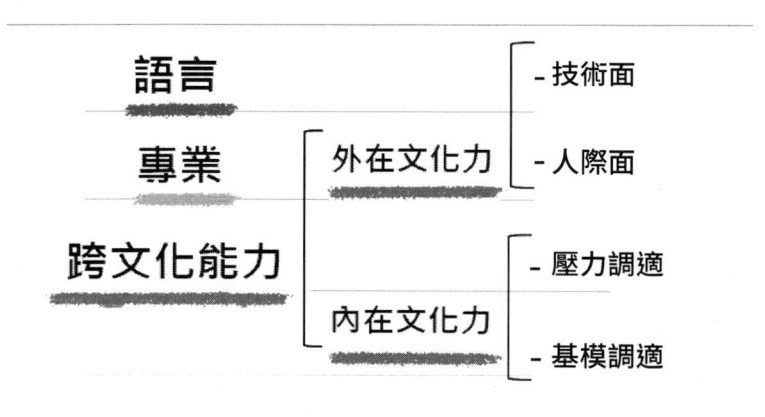

- 語言
- 專業 ┐ 外在文化力 ─ 技術面
- 跨文化能力 ┤   ─ 人際面
            └ 內在文化力 ─ 壓力調適
                         ─ 基模調適

圖8-1　國際力內涵

第一節　國際力：語言

語言是文化的符號，而共同的語言是溝通的必要橋梁，因此，從事國際事務工作少不了這項元素。由於語言需要長時間的訓練，因此一般在甄選時，會納入門檻的要求。

隨著任務的不同，語言的能力會分為兩類。一類為特定性的當地語言，是工作任務與當地人有高度的互動時尤其需要。如同南非前總統納爾遜・曼德拉（Nelson Mandela）所說：「如果你能講對方理解的語言，你的話會進入他的腦中；如果你能講對方的母語，你的話會進入他的心中」（If you talk to a man in a language he understands, that goes to his head. If you talk to him in his language, that goes to his heart：轉引自 Caldwell-Harris, 2015, p. 214）。

另外一類則為採用共同語言，而不一定是當地母語。例如：跨國公司常選擇英文或法文為共通語言。然而，對許多人而言，由於共同語言並非母語，而是第二語言，因此有時會產生認知差異及詮釋的差別。因此，即使所用的文字是相同的，但在進行跨文化溝通時，仍可能會產生誤解。

第二節　國際力：專業

不同領域的專業知識與技能，是國際工作的基礎。例如：醫療、教育、諮商、財務金融、管理、外交、科技、工程等等。組織中，在

選擇派外人員時，經常會先考慮在本國表現優異的員工，但許多實際的例子顯示，在母國表現優異的人員，到了異文化之中，不一定能表現得很好。其原因之一是，當人們帶著自己的專業進入異文化時，會因其專業的類別而有適應性的差別。例如：如果是技術性質，只要當地有類似的硬體設備，就可以比較快的建立與母國類似的工作環境。相對的，如果工作內容偏重於與人的互動，例如：管理、教育等，由於需要與當地人及文化有相當的接觸後才能熟悉，因此在適應上經常要花更多的時間。換言之，除了專業，國際工作者需要具備「把專業轉換到另一個文化中應用」的能力。

第三節　國際力：跨文化能力

國際力與「跨文化能力」兩個詞常常交替使用，其意涵上也密切相關。「跨文化」是指跨越不同文化。然而，文化的層次很多，例如：團體文化、族群文化、校園文化、公司文化、國家文化、區域文化等。而「國際」則尤其著重在國家文化的層次。國際互動即是跨文化互動中的一環，也因此對於國際力而言，跨文化能力是國際人才所需的核心職能（Meleady et al., 2020）。

跨文化能力是指「能與不同文化的人互動的能力」。不論是派駐海外或身處在多文化的環境之中，專業知識與技能需要融合文化，才能成功的處理在異文化中所面對的問題。跨文化能力包括了外在文化力與內在文化力。

一、外在文化力

(一)技術面:將專業依文化調適應用

當人們帶著專業進入異文化的環境,需要能將專業(服務或產品)融合於當地的現實情況,就地取材,尋找出解決問題以推動工作的能力。例如:在派外方面,台灣的醫療團隊在泰緬山區服務,但當地村落極為分散且資源很缺乏,如果把醫療站設置在某一村落,其他的村民要前來就醫交通很不方便。為了增加醫療服務的廣度,於是工程人員將醫療設備安置於巴士上,成為機動性強的醫療場所,在此同時,醫生也需要適應在巴士中進行診療。

其次,許多跨國企業也會運用外在文化力,將產品依照銷售國家文化的不同而作因應調整,以增加企業在當地的接受度。例如:著名的汽水品牌可口可樂(Ccca-Cola),在世界各地區所推出的產品,口味都略有不同,在美國亞特蘭大的總部還設立了一個品嘗的特區,讓遊客可以嘗試各種地區的口味。又例如:美國的麥當勞叔叔(Ronald McDonald)是張開雙臂,傳達出歡迎與擁抱的意思;而到了泰國則改成合掌,並且微微行禮的姿勢,以符合當地人問候的方式。

(二)人際面:不同文化間的互動

除了將專業能力與文化特性調合,外在文化力也包括人際面。在互動中,融入當地風俗習慣或該文化的價值觀,以提高任務的達成率。對於派駐到異國的工作者,建立關係的能力也有其重要性(Yamazaki & Kayes, 2004),可以透過當地人所提供的訊息與回饋,

瞭解在行為方面是否有需要調整的地方。其次，對於不同文化的服務對象，也能注意其需求的差異。例如：有空服員提到，在提供機上服務時，會發現不同文化的旅客表達的方式有所不同，歐美的旅客有什麼需求會直接按鈴；然而，有些亞洲文化的客人比較含蓄保守，會以眼神一直看著空服員，希望獲得注意並前來關心。

在跨文化的溝通過程中，研究指出互動的雙方經常會根據其他互動者的風格調整自己的風格，由此學者建構出「跨文化溝通的適應模式」（intercultural communicative accommodation model; Giles & Ogay, 2007; Spitzberg & Changnon, 2009）。它是指溝通的當事者，因應對方的文化而作出調整，這些調整會受到三項因素的影響：語言（language）、情境（context），以及認同（identity）。例如：在國內諮商的人員會遇到來自不同文化的個案，他們需依據對象的背景來調整協助的方式；或者，教師在面對國際學生時，也會因其文化不同而調整輔導的方法。如果是來自高個人主義文化的同學，當他們學習動機降低時，可討論他們「個人」表現及未來的發展；相對的，對於來自高集體主義文化的同學，對家人的期望甚為重視，因此，除了可用個人發展來引導之外，也能加上「群體」的因素來鼓勵。

二、內在文化力

（一）壓力的調適

內在文化力是指個人在異質文化中能適當地處理壓力與情緒。在派外人員方面，剛到異文化的初期，往往需要一段身心調適的時

間。在新環境中,人員面對迥異的生活、食物、居住條件、價值觀,甚至工作的挫折,思鄉與沮喪是許多人必須克服的課題(Hajro et al., 2019)。筆者曾經訪問身處異國山區偏鄉的工作人員,他們說當地物資的缺乏、生活步調緩慢、沒有網路電視等,都是初到當地很大的挑戰。然而,即使是身處熱鬧的都市,心理的調適也不一定比較容易。學者曾以派駐至貿易繁榮城市的企業經理人為對象進行調查,發現即使身處金融中心的鬧區也會產生低落的情緒與孤寂的感受(Richardson & McKenna, 2002)。

內在的強度與韌性一直被視為跨文化能力中重要的基石,例如:學者Deardorff(2006)以德爾菲方法(Delphi method)蒐集23位跨文化專家的意見,整理出跨文化能力的發展過程模式(process model of intercultural competence)。這個模式指出個體可從「內在的態度」發展出「內在的成果」(internal outcome),進而產生「外在的成果」(external outcome)。內在的態度包括:尊重他人的文化、不隨意下判斷、容忍不確定性等。內在的成果包括:調適力、彈性、同理心、種族相對觀等。這些內在的成果透過進一步的行為實踐可在互動中產生外在的成果,亦即在跨文化情境中有效的溝通。

然而,這些能力有時容易說,但不容易做到。需要當事人給予自己時間練習,也保有一些彈性。所謂的「彈性」(flexibility),依據Lexico線上字典的定義,它是指「可以彎曲而不會斷裂的特質」,而這又有兩個子意涵: 1. 可以調適以適應新環境的能力; 2. 願意改變或協調(Flexibility, n.d.)。雖然它的定義簡短而且又經常被提到,但

在實務中，彈性的養成確實需要時間與鍛鍊。如同在筆者的研究訪談中，資深的國際工作者提到，在異文化中工作確實需要時間與耐心，「有些東西真的是時間跟經驗的累積，無法速成的」，有些時候「都是靠意志力在撐著」。而且，有時你不一定能解決問題，「但你至少要有與問題同在的能力」。面對文化差異所帶來的壓力，維持個人的情緒安穩是國際人才的重要能力之一。

（二）基模的調適

基模是人在成長發展的歷程中，藉由日常生活經驗的累積，逐漸形成內在的知識架構與體系。這樣的體系有助於人們在生活中面對重覆類似的事件，可以節省時間及精力。然而，這樣長久建立下來的認知架構在遇到不同文化時，有時會出現無法適用的狀況，因而需要進行調適。透過基模的拓展，以因應新的情境。

第四節　結語

在今日全球移動的時代，不同文化背景的人有更多機會交流。但在交流時，除了說 "hello"，在許多情境中人們需要合作完成工作任務，或促進共同目標的達成。在這些情況下，國際力就扮演了重要的角色。本章說明國際力的內涵，包括了語言、專業及跨文化能力。而跨文化能力又分為外在文化力，以及內在文化力。從這三個面向切入，有助於組織在招募選才、訓練發展、派遣調度等方面的考量上能有比較明確的參考依據。

第九章
國際力之組織面向

在今日的社會，人與組織有密切的關係，而個人能力的發展也與外在環境息息相關。一方面，因應組織現有的需要，促使人員必須建立更高的國際力；另一方面，組織本身的國際化，也促使內部人員能力的提升。換言之，個人能力的發揮與發展並非獨立於環境之外；相反的，它們與組織的內外在環境有緊密的關連性。外環境包括：經濟、科技、勞動市場、法律規範、服務對象等；內環境則包括：領導者的風格與期望、組織結構及文化、工作設計、同儕及團隊的互動等（Werner & DeSimone, 2012；圖9-1）。在探討國際力發展時，如果缺少了組織的面向，則不易看到其完整的圖像。

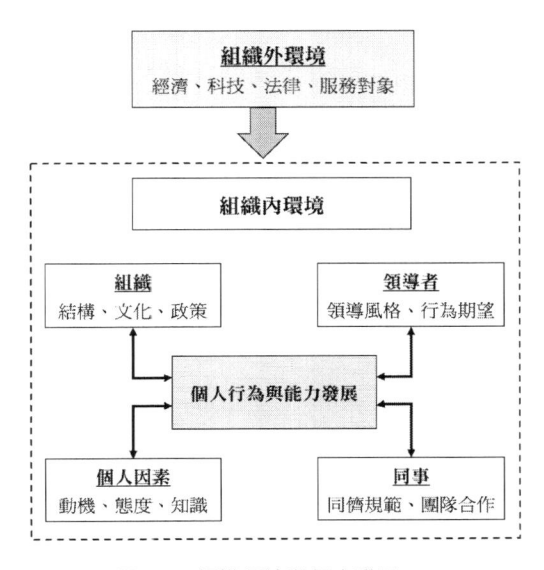

圖9-1　組織環境與個人發展

為了要更瞭解文化對組織行為的影響，在組織管理領域發起了相關的研究：GLOBE計畫。GLOBE是「全球領導與組織行為效能」（global leadership and organizational behavior effectiveness）的縮寫。在1990年代初期，賓州大學沃頓商學院（The Wharton School of the University of Pennsylvania）的Robert J. House教授提出了對文化、領導力和組織實踐進行大規模國際研究的想法。他當時在維多利亞大學（University of Victoria）商學院擔任客座教授，與在當地合作的學者Ali Dastmalchian及Mansour Javidan開始在中東收集數據資料。自那時起，這項全球領導與組織行為效能的研究便逐漸擴展，結合了來自62個國家的兩百多名研究人員共同參與，針對一萬七千多名中層管理人員進行了研究，探討不同國家文化中的領導行為（Chhokar et al., 2008）。而2014的研究則針對24個國家不同行業的一千多名執行長（chief executive officer, CEO）及五千多名高階主管所蒐集的數據進行分析，探討文化與領導行為的議題（House et al., 2014）。研究發現，組織所處的社會中，其文化價值（societal culture values）會影響社會對領導的期望（societal leadership expectations），而社會期望與領導行為（leadership behavior）兩者又會對執行長的效能（CEO's effectiveness）產生影響，這樣的發現對跨國及跨文化的領導者有所啟發。換言之，全球性的領導者需要瞭解在特定文化中，當地人員對領導者的期望。其次，組織在主管的選才及培訓方面，也必須加入對文化因素的考量（Global Leadership & Organizational Behavior Effectiveness, 2014）。在2020年，這項計畫也持續探討文化對領導的影響，尤其在人力資源、員工職業策略、態度與績效等方面。

第一節　組織國際化及多元化

　　隨著交通的發達與便利，許多組織的成員及服務對象不再限定於單一國家，組織中的文化走向多元。一方面，個人對異文化的態度構成了組織的文化；另一方面，組織對待異文化的態度及政策也影響著組織成員的行為與國際力。因此，組織在邁向國際化的過程中，如同個人一樣，多元文化互動的能力同樣也有從生疏走向成熟的階段。組織因應多元文化的能力，依其成熟的程度，被分為五個層次（Cross, 2002）：

一、對異文化的破壞（destructiveness）：組織對於來自不同文化的個人或團體，不能予以尊重，並且在態度、政策方面傷害其文化。

二、對異文化缺乏能力（incapacity）：組織對於來自不同文化的個人或團體，持有強烈的偏見。在僱用時有所歧視，或對少數族群傳達傷害性的訊息，或期望較低等。

三、對異文化盲目（cultural blindness）：組織對於來自不同文化的個人或團體，並沒有深入的反思。表面上，它們鼓吹所有人都是一律平等，但事實上，其平等的立基點是建立在對異文化不利的基礎之上。組織認為本身是公正平等，但對於不同文化的差異其實仍是盲目或所知有限。

四、對異文化具備初步的能力（pre-competence）：組織對於來自不同文化的個人或團體，能夠接受而尊重，並持續的檢視本身的價值。針對不同文化的差異，該組織會設計不同的服務類別，以滿足其不同的需求。

五、對異文化具備成熟的能力（advanced competence）：組織持續對於文化知能進行研究，以增進本身的知識，並且將研究的成果轉化成實際的政策。組織中的人員具有對異文化的敏感度，願意在社會與組織中推動多元文化的知能，並且持續進行改善。

在組織多元化成熟的過程中，除了是觀念及態度上的轉變，也須要搭配在政策及法規上逐步的落實。由組織帶動個人，而個人又進一步推動組織。

在個人面向上，依據文化能力發展模式（Chang, 2007），文化能力的學習往往是起始於文化的接觸，進而發展出文化的意識（態度層面），以文化意識為根基，開始吸收文化知識、增加文化理解（認知層面）。再者，培養實務之技能及敏感度（行為層面）。最後，藉由持續接觸多元文化的意願，文化的學習循環可以延續。整個學習的歷程包含了幾個重要的元素（Betancourt et al., 2003; Campinha-Bacote, 2002）：

一、文化接觸：藉由與異文化的接觸，啟發對文化之注意；
二、文化覺察：經由對異文化的注意，進而產生覺察與學習；
三、文化知識：屬於認知層面，增加對其他文化的知識與瞭解；
四、文化技能：屬於行為層面，隨文化差異而能敏感的調整行為；
五、文化關注與興趣：藉由對不同文化的興趣與動機，保持與其他文化的接觸，讓學習的循環得以持續。

這個歷程幫助個人提升與異文化互動的能力，許多的「個人」結合成集體的力量，帶動「組織」文化能力的發展；而組織整體環

境氛圍的改變,又會進一步引領個人的發展,兩者相輔相成,互相牽引與影響(圖9-2)。

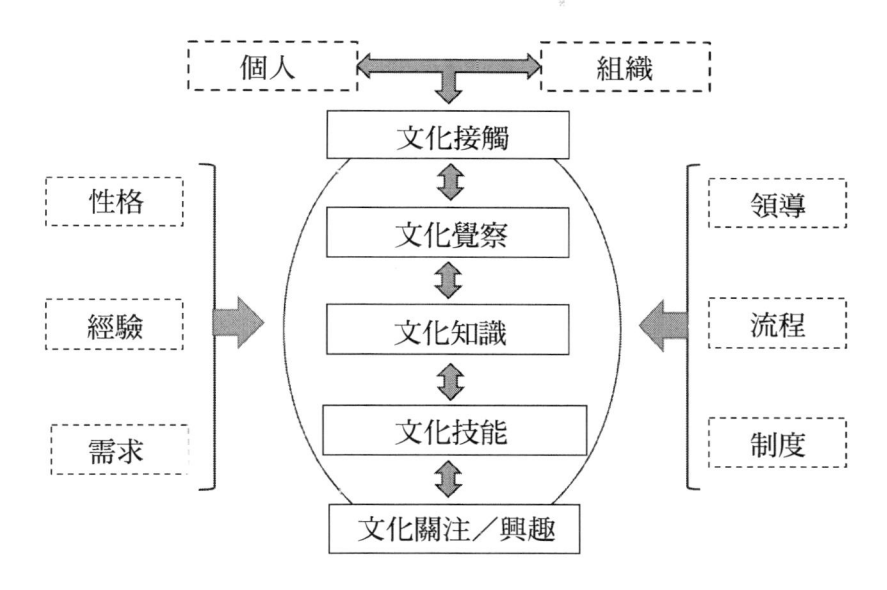

```
    個人 ←→ 組織
           ↓↑
         文化接觸
           ↓↑
 性格      文化覺察      領導
           ↓↑
 經驗  →  文化知識  ←   流程
           ↓↑
 需求      文化技能      制度
           ↓↑
       文化關注／興趣
```

圖9-2　文化職能:個人與組織互動模式

在組織面,有三項重要的因素能協助推動改變:領導、流程、制度。

一、領導

(一)支持

領導者對組織國際化與多元化的發展具備支持的態度,對人員的資源及負荷等,都能有所理解及協助。

（二）方向

　　組織是由一群人所組成，為了達到共同的目標，需要領導者提出清楚的方向，讓大家知道要往那裡去。並且，依據方向排出具體可行的步驟，以及優先順序。

二、流程

　　組織邁向國際化時，提升文化能力是一個持續學習與改變的過程，它不會一步到位，需要有系統性的推動步驟。哈佛大學商學院教授科特（John Kotter）與合作夥伴科恩（Dan Cohen）在《引爆變革之心》（*The Heart of Change*）（Kotter & Cohen, 2012）一書中指出，促進改變不能單靠資料與數據，而是需要讓組織成員真正「看見」且「感受」改變的必要性。科特以李恩（Lewin）變革三階段為基礎，將「解凍－改變－再解凍」擴展為八步驟。

（一）升高危機意識（increase urgency）：讓成員們真切的感受到改變的需要。

（二）建立領導變革的團隊（build the guiding team）：由領導者找到核心的成員，組成重要的領導團隊。

（三）提出正確的願景（get the vision right）：提出合適且合理的願景，作為帶領團隊前進的方向。

（四）溝通變革的願景（communicate for buy-in）：在組織中要達成共識需投注時間及持續的溝通。

（五）授權員工行動（empower action）：讓成員有充分的權力執行任務，並且提供支持，協助排除障礙。

（六）創造快速效益（create short-term wins）：先從小的效益開始累積及分享，建立信心，並增加對願景與目標的認同感。

（七）鞏固成果再接再厲（don't let up）：以初步效益為基礎，增強改變的動力，擴大支持的力量。

（八）將改變深植於組織（make change stick）：持續地進行新的實踐模式，並透過相對應制度的建立，來使新的組織文化得以更加深入於機構之中。

三、制度

組織走向國際化的理念需要透過制度來落實，例如：派外系統的建制、國內與境外的輪調，職能的建立、定期與不定期的訓練、相對應的績效評核，與獎勵制度等。尊重多元文化的價值需要藉由一些實際的措施與辦法來實踐，並且使資源能夠分配至組織期望發展的方向。由於制度的訂定需要組織內部達到相當程度的共識，因此，它也被視為是進程中的成果之一。透過推動，得到初步的成果；再由這些成果進而帶動理念的改變，以促使制度更加完備，形成提升組織成熟度的循環。

第二節　組織對人員能力發展的影響

在國際化職場中，人員指出常見的問題有二個：「工作負荷」及「主管的角色」。筆者從國際事務相關人員的訪談中發現，由於這些工作者可以使用外語溝通，因此只要有說外語的人士來求助，不論要

辦的業務內容為何，其他處室經常會把外籍人士轉介過來，請他們來溝通，增加了許多工作負荷。此時，如果又無法增加人手或調整工作分派，他們對工作會產生疲憊、沮喪和氣憤的感受。遇到這樣的情況，他們會期望主管能夠理解他們的狀況，向組織出面表達部門的人力需求，並與其他處室作協調，以確保工作不會超量太多。

然而，主管與其他處室協調時也會遇到困難，因為各部門在國際化方面的腳步與意願不同，如何讓整體的組織朝向國際化的方向，往往是超過單一位主管的能力，因為它已經涉及了組織文化、團隊協調與組織改變等全面性的規劃與執行。也由於它的複雜度高，在過程中，不論是中階主管或第一線直接提供服務的人員，難免會感到力不從心。在能力的提升上，也會遇到瓶頸。

從人力資源發展的角度來看，這並非特例的情況，緩解的方法包括：個人層面及組織層面。在個人層面，可使用的方式有：一、主管的支持；二、資深者的輔導；三、人力的輪調；四、進修的機會；五、適當地休假喘息。在組織層面，可使用的方法為：一、全面性的盤點以瞭解組織改變的阻礙及困難；二、從可行的點開始推動，形成趨勢及文化；三、逐步搭配制度的調整，成為常態性的運作。

在實務面，組織中的人員是否會投入國際化與多元化的過程，其關鍵的問題仍是：它與「我」有關嗎？圖9-2的架構提供一個藍圖，從較全面的觀點來看「與我有關」。首先，在領導方面，成員們會觀察組織的高層是否重視？重視是否有表現在組織的實質作法上（例如：工作的內容、訓練的辦理、績效的連結）？其次，在流程方面，

工作中有那些環節可以拓展更為國際化？其帶來的優勢是什麼？最後，在制度方面，相關理念如何落實在實際的政策與作法，導引組織內人員的行為等，這些問題的檢視與釐清都有助於組織國際化推動的規劃與設計。

第三節　結語

在職場中，外環境的挑戰會激勵當事者取得新技能，當人員在發展國際能力時，組織一方面扮演支持的角色，但相對的，有時也會增加人員工作的困難。例如：各部門不願配合國際化、把外籍人員都推給外語較好的同仁等。此時，負荷「加重」或「不均」便成為在組織轉型進程中時常會遇到的問題。在這個過程中，領導扮演著重要的角色。領導者的理解與適當的帶領對團隊同仁是一種激勵與引導，相對的，領導者也需要透過進修或自學，強化自身的領導力。換言之，在邁向國際化的職場，個人發展無法獨立於組織之外，在跨文化的能力方面，「組織職能」及「個人職能」並非孤立存在的；相反的，它們有緊密的連結，而且交互影響。

第十章
國際力之整合模式

　　國際力的發展包括了三大部分：一、核心理論與概念；二、實務歷練與應用；三、跨文化學習與能力發展，圖 10-1 呈現這個整合的模式。整合模式的第一部分為核心理論與概念，屬於知識層次，在本書的第一篇中說明，總共有十章。第二部分是實務歷練與應用，是將知識層的理念運用於實際情境之中。在本書第二篇的實務案例演練，包括了 20 個國際之間跨文化互動的案例，以及理念應用的解析。第三部分為跨文化學習與能力發展，包含了發展相關能力的原理、設計與方法，在本書的第三篇中說明。最後，在模式的下方，將國際力的三個面向統整（語言、專業與跨文化能力），綜合成為在職場中可應用的能力。

第一節　核心理論與概念

　　國際力為「能夠與來自不同國家文化的人互動合作，以完成工作任務的能力」。其內涵包括：語言、專業與跨文化能力。本書的第一篇首先說明核心的理論與概念，屬於國際力的知識層面。這些概念是從心理、教育、文化及管理的文獻中選取出來，成為學習國際力的基礎。這些核心概念包括了全球化、文化、組織、個人、環境個人互動論、冰山理論、基模、文化智力、跨文化溝通及跨文化適應等。

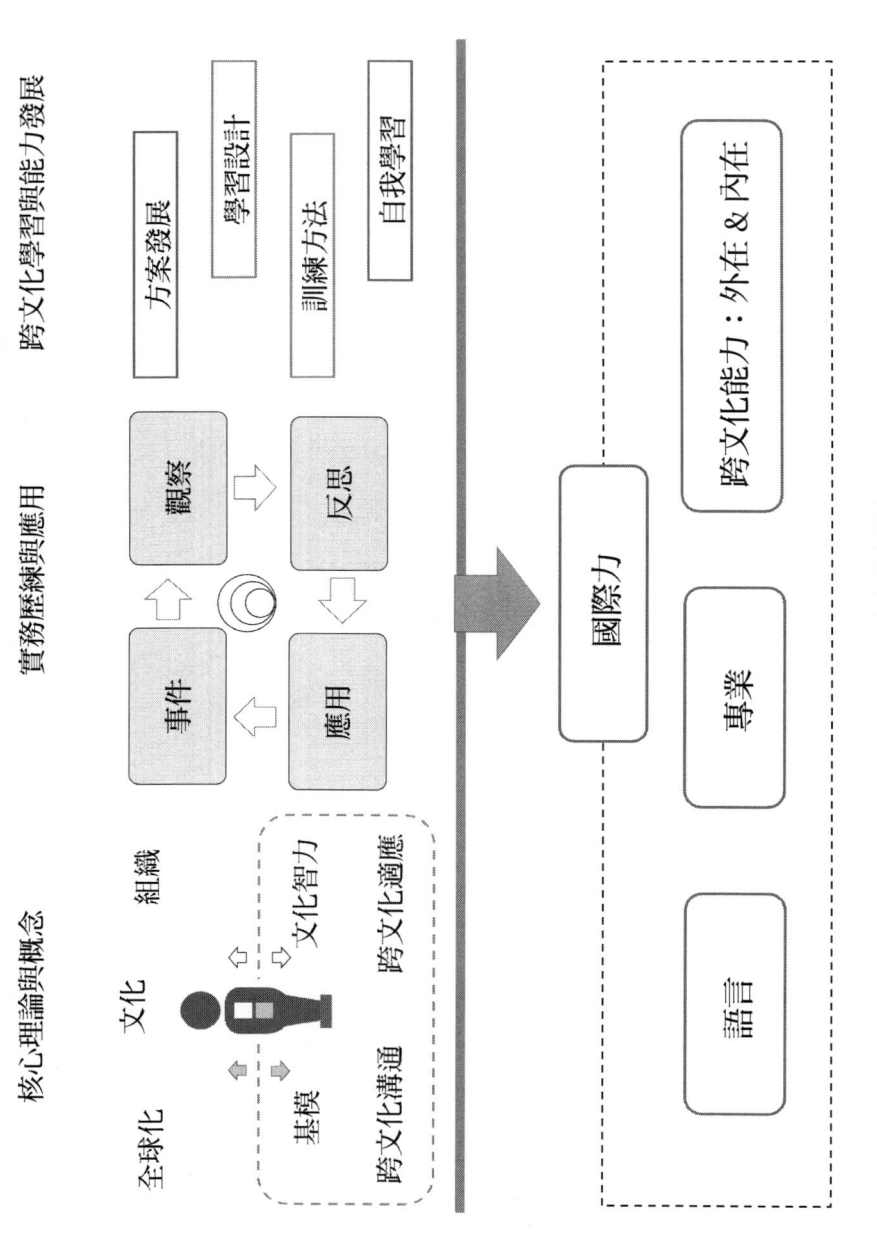

圖 10-1　國際力整合模式

一、全球化

在人類的歷史中,各國的交流從很早就開始,而近代科技與交通的發展,提高了國際之間互動的頻率與廣度,也帶動國際力成為職場中關鍵的能力。

二、文化

文化具有相當多的定義,但主要是指一個群體共享的意義,也是團體與團體之間粗略的界限。

三、組織

組織是一群具有共同目標的人之組合。組織與人員的國際力是一體兩面。組織需要人員具備國際力,將服務推展至多文化的領域,另一方面,人員國際力的養成與發展,又與組織內部的各種因素息息相關。

四、個人

是國際力的主體,它包括了個體的「心理」與「生理」層面,兩者密不可分。雖然跨文化的研究經常著重在心理衝擊與適應的探討,但生理也扮演著基礎的角色,例如:對當地氣候過敏、對食物的反應等,都會影響個體的心理適應。相對的,心理的沮喪或在異地的孤獨感如果未能被適當的處理,也容易引發生理健康的問題。

五、環境個人互動論

人會與所在的環境產生互動並交互影響,這是心理學的基礎概念之一。國際力包括了「外在文化力」以及「內在文化力」。環境的元素會影響個人如何回應外界;另一方面,人們所採取的內在參考架構也會決定他(她)如何詮釋外在的環境,進而決定所採取的行動,帶動環境的變化。

六、冰山理論

這項概念是指人類可見的行為僅是個體全部的一小部分,猶如冰山的一角。在水平面上端是表現在外的言語及行為,但其真正影響的因素是在水平面以下不易觀察到的信念、價值、情感、感受、期望等等。

七、基模

人們從經驗中建立的知識架構,它成為日常生活中判斷的基準,在進入異文化時,原有的基準可能無法使用,而新的基準又還未建立,因此會產生文化衝擊。隨著學習,如果基模能順利的調整,人們會逐漸感覺到適應。

八、文化智力

指人們能夠在其他文化中有效能的工作,發揮所長。

九、跨文化溝通

指在跨文化的互動中,雙方所傳達的訊息能夠正確的被接受者理解。

十、跨文化適應

指個人在面對不同文化時,其認知、態度、行為與心理等方面的改變,透過一連串的學習,達到個人與環境之間的協調,重新感受到心理的舒適。

第二節　實務歷練與應用

有了核心的概念與理論,國際力的培養必需依靠實務的歷練,它是一個不可或缺的環節。實務的歷練除了在工作中學習,也能利用個案的方式學習如何將理論應用在實務之中。基於此,本書的第二篇提供 20 個實務案例作為演練的教材。不論是剛開始接觸跨文化任務的新手,或是已經具備多年國際經驗的實務工作者,都能利用個案來開發或深化本身的能力。實務演練的規劃參照了兩項原理:經驗學習理論及跨文化學習歷程。

一、經驗學習理論

實務的歷練是從實際的生活互動以及工作經驗中,應用所學的知

識概念並體會其過程及結果。「經驗學習」在此整合模式中用來連結實際經驗與個人能力的發展，分為四個階段（Kolb, 2015）：

（一）事件：實際的經驗被視為是重要的教材。

（二）觀察：對發生過的經驗，人們有覺察並細心檢視。

（三）反思：在事件發生後沉澱，並整理從中所學習到的功課及新概念。

（四）應用：把所學到的新概念再次應用於實際的事件之中，產生出新的經驗，如此反覆累積。

依據經驗學習的原理，人們透過學習的循環逐步精熟其知識與能力。

二、跨文化學習歷程

隨著跨文化的經驗，實務研究發現個人會經歷不同的層次（三個圓圈，詳見第四章），包括：外圍層、認知層及核心層。

（一）外圍層

是三個圓圈的最外層，通常人們在接觸異文化的初期，對於周邊的事物感覺新奇，而且眾多的資訊常使當事人還未能作較深入的分析，在跨文化研究中也常被歸類為是進入異文化的蜜月期。

（二）認知層

認知層是中間的圓圈。當事人在接觸異文化一段時間之後，對於周遭的訊息慢慢較為適應，也經過較多正向與負向的經驗。此時，本

身開始有些餘力能夠進行較多的思辨，能夠把新的資訊及內在既有的架構做一個結合，並依據當地的狀況有意識地進行工作模式或行為的調整，是屬於逐步適應的階段。

（三）核心層

新文化中的外在刺激對於當事人深層習以為常的假定，產生了改變與影響。基於環境與個人互動的原因，外在新的改變往往引發當事人瞭解自己內在未開發的一面，進而從新的角度來看待所處的世界，是一種更深及全面性的發展。

第三節　跨文化學習與能力發展

有了核心的概念理論，以及實務的歷練。國際力的發展也能透過系統性的訓練來輔助。本書的第三篇主要是說明跨文化學習的設計與實施，它包括了兩個部分：「教育訓練」及「自我學習」。在教育訓練的部分，本書介紹訓練方案發展、學習設計，以及訓練方法。而自我學習的部分，則提供個人可以進行自學的途徑。

一、訓練方案規劃

（一）方案發展：在這個面向下，本書說明跨文化訓練規劃（第十一章）、派外人員跨文化訓練（第十二章）、國際事務人員跨文化訓練（第十三章）、訓練方案的跨文化調整（第十四章）。

（二）學習設計：這部分包括兩章，即MARVEL：學習心理之應用（第十五章）、訓練課堂中的文化差異（第十六章）。

（三）訓練方法：跨文化訓練方法（第十七章）。

二、自我學習

個人可以透過日常生活中的自學，加強跨文化能力（第十八章）。其次，從生理層面來看，新近的研究也發現腦心智科學與跨文化學習息息相關（第十九章）。

第四節　國際力的組成

整個模式總結於國際力，它包括：語言、專業與跨文化能力；而跨文化能力又分為外在文化力與內在文化力。

一、語言

具有國際力者能以共同的語言，進行與工作任務相關的溝通。

二、專業

具備有國際合作項目的相關專業知識與能力，例如：醫療合作、教育合作、藝術合作等等。

三、跨文化能力

可以分為外在與內在文化力。

（一）外在文化力

個人有能力觀察及配合當地文化的需求，把專業的知識與技能進行溝通與調整。

（二）內在文化力

個人有能力覺察本身的內在情緒，並予以調適，以因應與異文化互動時所產生的壓力。

由於國際力與跨文化學習與內外環境的變化有緊密的關連，在本書的最後一章（第二十章），討論發展國際力的現在與未來。

第五節　結語

本書的整合模式（圖10-1）包含了國際力的定義內涵、核心概念、實務應用、學習發展，最後連結至訓練規劃，每一個環節環環相扣、相輔相成。今日，國際之間密切的移動提高了國際力的需求，而科技的發展，例如：電腦、網路、手機、人工智慧等也正在描繪新的文化面貌，影響跨文化的互動與學習。面對如此的環境，惟有透過理論的認識與實務的反覆演練，才能培養新的國際化人才。

第二篇　實務案例演練

　　本篇提供 20 個國際跨文化之個案作為演練，讀者可先閱讀個案、尋找相關的理論概念，並且使用這些理論與概念來分析個案問題。個案中的國家名大多以英文字母代表，其國家文化之間的差異會在個案中描述，讀者可以從文字間觀察問題或衝突的可能來源，並思考解決的方向。在每個案例之後皆附有個案解析，提供多一個面向的思考。

20 則個案演練

- 個案 1. 派外的起點
- 個案 2. 歡迎之後
- 個案 3. 民以食為天
- 個案 4. 真是沒禮貌？
- 個案 5. 洩氣的主管
- 個案 6. 楓城心事
- 個案 7. 準時下班
- 個案 8. 點頭表示「好」？
- 個案 9. 健康的使命
- 個案 10. 美麗的花瓶
- 個案 11. 心的深秋
- 個案 12. 認知與行為
- 個案 13. 叫我 David 就好
- 個案 14. 你們決定吧
- 個案 15. 顧問的難題
- 個案 16. 我很 Open-Minded
- 個案 17. 異鄉的迷霧
- 個案 18. 剪刀、石頭、布
- 個案 19. 國際化的足印
- 個案 20. 第三文化小孩

個案 1
派外的起點

國平即將被派到任職機構的駐外單位,幾個朋友一起為他餞行。

朋友:「再幾天就要出發了,都準備好了吧?」

國平:「東西大概都OK了。但是不知道為什麼這陣子都睡不好。」

朋友:「你會緊張嗎?」

國平:「我以為自己不會,因為之前也因公務隨團出去了好幾次。可是,還是會緊張。」

朋友:「不要擔心啦!」

國平:「哎,我也不想擔心。可是就是睡不好,甚至還蠻焦慮的。想到這次要派外三年,心理還是不安。」

> **問題討論**
>
> ◆ 請引用相關理論,來分析國平的現況。
> ◆ 請為國平提供具體的建議。

解析

　　從心理學的角度,「陌生」會引發不安。因此當人們走向國際,進入不熟悉的文化環境時,常會產生不確定與焦慮。但也因為這樣的不安,人們學習新資訊的動機也會提高。

　　對於跨文化的不確定感,學者提出「不安/不確定感管理理論」(anxiety/uncertainty management theory, AUM;見第五章),主要是分析如何在互動的過程中降低過度的不安及焦慮,以達到有效的溝通。其建議的方法包括四個面向:

一、知識:增加對居住國文化的知識;

二、網絡:連結相關的人際網絡;

三、能力:提高語言及科技連結的能力;

四、心理:培養全心(mindfulness)注意當下的習慣。

　　在本個案中,為了降低不安感,國平先吸取當地社經文化的「知識」,增加基本的認識。在「網絡」方面,他找到曾經也派駐該國的人員為資源,並且連結當地的社群,事先取得食衣住行方面的資訊。在「能力」方面,除了語言能力,他也運用科技及社群軟體來促進聯絡,並協助生活方面的安排。而在「心理」層次,他利用過去出國的經驗為資源,檢視自己在面對陌生環境時的狀況,瞭解自己的優勢,

並練習有助減緩壓力的方法。透過這四個面向，國平一方面增加自己的準備度，另一方面也把焦慮轉成投入新學習的動力。

> **相關概念**
>
> ◆ 不安／不確定感管理
> ◆ 派外人員訓練

個案 2
歡迎之後

家琪因為公務的關係,被機構派外到 E 國進行六個月的計畫案。剛到 E 國的第一個禮拜,對方的機關安排了說明會,也介紹相關的人員讓家琪認識。前二週大家經常共進午餐,讓家琪非常忙碌,也感覺到有濃厚的歡迎之意。

然而,隨著時間的過去,大約到了第三個禮拜之後,她感覺周圍的氛圍似乎變得比較冷淡,除了開會時間與同事有一些交談之外,在會議結束之後,當地的同仁們都忙碌於自己手邊的事物,沒有太多的交流。另外,在計畫案的討論方面,家琪也開始發現自己有些想法與其他成員差異很大,很難取得認同,讓她感覺孤單,也開始有想家的感覺。

家琪曾經在國外旅遊數次,她覺得自己應該算是頗為國際化的。但是才剛到這裡一個月卻感覺不能適應,一時之間不知道該如何面對自己的低落及往後的生活。

問題討論

- ◆ 請引用相關概念,來分析家琪的現況。
- ◆ 面對這樣的心情,家琪該如何協助自己度過?

解析

　　國際派外人員可分為短期及中長期。中長期的派外人員,在異文化的環境中,一般會經歷不同的歷程,形成不同的階段,被稱為異文化適應曲線。目前最常被引用的是U型曲線,包括:初始期、衝擊期、調整期、適應期。

　　家琪經歷了初始的「蜜月期」,在此時期派外人員剛到異國,對於新文化感覺到比較新奇,另外,由於初期大多有接待人員表達歡迎、安排宴會,或者與新同事認識等社交活動,整個人的身心狀況處在比較忙碌的狀態。因此,在初期的時候會感覺似乎沒有適應上的問題。

　　然而,經過一段時間之後,一切會慢慢步入日常生活的常軌,當地人員也開始各忙各的工作,日常氛圍不像初期熱絡,而此時家琪隨著工作上一些合作,也出現了意見不同的地方,令她感到有些沮喪孤單,這時便開始進入低潮期。

　　為了協助自己,家琪從文化智力的四個方面著手。在「認知面」,她吸取適應曲線的知識,以平常心看待低潮。在「策略面」,盤點自己周圍的網絡及資源,並規劃可能的連結。在「行為面」,依據計畫,尋求1-2位當地好朋友,先建立小的連結。在「動機面」,鼓勵自己保持好奇,因為負面的情緒也是一種新的體會。透過四面向的調整,家琪協助本身逐漸進入U型曲線的第三階段「調整期」。

值得注意的是，並不是所有的異文化經驗都會經歷蜜月期。研究發現有些人從一開始就感受不適應。跨文化研究學者指出，其實文化經驗有非常多種，有些人是從低點開始經歷負面情緒。之後如果個人能夠調適愈來愈好，曲線也就會逐漸的往上。

　　面對不同文化，派外人員常會經歷適應過程，如果無法從第二階段的低點，逐漸走向第三或第四階段，可能會處在沮喪及憂鬱的情緒之中無法調適，面對這樣的狀況，便會選擇離開或提早結束任務返國。除了派外人員本身之外，身處異文化時，另一個文化適應的問題常是發生在家屬身上，如果配偶及子女長期處在適應不良的狀態，對派外人員會造成壓力，相對的也會形成他們本身調適的障礙與困難。

相關概念

- ◆ 文化智力
- ◆ 異文化適應曲線

個案 3
民以食為天

　　Nami是一位從中南美洲來到海外留學的國際學生，她個性開朗待人親切，對於去適應當地的文化有很高的動機，在師長的眼中她是一個非常有學習精神的學生，在文化適應上似乎沒有太大的問題，在飲食方面她也入境隨俗，小吃及夜市有什麼就吃什麼，靠外食解決三餐。

　　然而，到了當地的第二個月，她的臉卻不斷出現紅疹，奇癢無比，不管擦什麼藥膏似乎都沒有辦法解決，讓她相當的困擾。之後在就診時，醫生診斷這是一種食物過敏的反應，因為她的身體對於調理食物的油產生了不適應的現象。

　　透過醫生的說明，她才恍然大悟。雖然她心理很願意入境隨俗，接受當地的食物，任是，身體和腸胃系統需要時間漸進式的適應。之後，她開始調整自己的飲食，對於沒有吃過的食物採取小量嘗試的方法；有時也自己烹煮，採用清淡的方式讓消化系統可以逐漸適應。

問題討論

- ◆ 請引用相關概念，來分析Nami的狀況。
- ◆ 學校或機構在飲食方面可以如何協助國際人士？

解析

在跨文化適應中，食物是一個關鍵。常有人說：「沒關係啦，到了當地，有什麼就吃什麼。」這對短期幾天的旅客也許可行，但對中長期要在異文化居住的人而言，食物的轉變及身體的調整不是一個簡單的過程，因為食物與一個人的生理結構息息相關，也是一個人長久以來根深蒂固與本國文化最緊密的聯繫。因此食物的適應不能輕易以「入境隨俗」四個字就快速帶過。它不僅涉及了身體消化系統的接受程度，也連結著對家鄉的情感與情緒的撫慰。這也能部分說明為何各地會有不同族群的聚落，以及各種文化的料理餐廳，例如：中國城、日本城、小印度等，來減少食物差異所帶來的身體與心理的不適應。

因應策略

對於要接待國際人士的機構，需要注意協助他們在食物方面的適應，採取不同的策略。

策略一

對於長期居住的外籍學生或者職員，在宿舍中可提供一個簡易的小廚房。讓國際人士可在採買適合自己的材料後做簡單的烹調，以減

少像案例中 Nami 的情形，對於當地店家常用的烹飪油過敏。如果她能自己準備食物，可以不用餐餐都外食，讓消化系統可以逐漸適應。

策略二

提供多樣的食物選擇或資訊。例如：在 2017 年台北世界大學運動會期間，林口選手村提供各國的料理及台灣的美食，兼顧選手本身食物的偏好及嚐鮮的好奇，是一個適當的作法。

策略三

對於要到國外的人員，如果居住時期超過一個月，要注意自己平常吃那些食物，並瞭解自己到國外的日常飲食情況。是必須每天都外食，還是有廚房可以做簡單的烹調。由於食物與身體的機能息息相關，身體要全然適應不同的食物需要一段時間，因此如果可以事先規劃，並且瞭解當地用餐的資訊，可以減少因為食物不同造成健康問題，或影響了在當地的任務。

相關概念

◆ 跨文化適應

個案4
真是沒禮貌？

▌情境1

在U國的課堂上，有來自不同國家的學生。老師與學生說話時習慣有眼神的接觸。然而，當老師的眼神看到來自J國的學生Jumi時，Jumi總是把頭低下去。當老師與他說話時，大多數的時間Jumi也是低著頭，即使偶爾抬頭看老師，也是很快轉向他處或又低下頭去。

老師心想：「這樣眼神閃躲，不太真誠，也對人不尊重。實在沒禮貌。」

Jumi心想：「要尊重老師，所以不應該直接看他的眼睛。也避免有眼神的接觸，代表我對他的尊敬。」

▌情境2

一位S國青年Jack在E國的公司找到一份工作，在上班的第二天，遇到了E國籍的主管。

主管問：「中午是否要一起用餐，以便更瞭解公司的狀況？」

S國青年：「Yeah，那太棒了！」(Yeah, that would be great!)

聽到職員用 "yeah" 而不是用 "yes"，E國年長的上司認為年輕人態

度不是很嚴謹也不是很尊重,實在不禮貌。之後,便請祕書取消了午餐之約。青年覺得很困惑,問自己:「我做錯什麼了嗎?」

> **問題討論**
>
> ◆ 請引用相關概念,分析這兩個情境的問題。
> ◆ 針對這樣的情境,請提出改善的建議。

解析

　　在此個案中,兩個不同文化的人在行為表達「禮貌」的方式有所差異,因而產生溝通的問題。這些都可能出現了歸因(attribution)的偏差。所謂的「歸因」是指人們在看到行為,或遇到一個情況時,會推斷其原因為何。

　　在第一個情境中,Jumi 的文化認知是,對於權威者要盡量避開直視對方,以表達尊敬與禮貌。而老師看到這樣的行為,在歸因時偏重了內在的推斷,卻忽略了外在文化的影響。再加上他以本身文化的價值及刻板印象去詮釋,因此誤解了行為背後的意涵,認為學生不禮貌。

　　在第二個情境中,年輕人用 "yeah" 表達及回應,年長的主管便將這個行為詮釋為:隨便、不夠重視、輕忽等等,忽略了這可能是他文化行為(國家文化、世代文化)的習慣。而當不同背景的人在互動時,文化之間差異較大,對於彼此的行為也比較陌生,因此很有可能忽略了文化的影響,而直接判斷對方就是什麼樣的人(例如:粗魯、無禮、懶惰等),進而產生了基本歸因的誤差。

　　歸因落差的問題,存在於生活及工作中很細微的地方,如果有機會能互相確認及釐清,會是很好的文化學習。然而,如果沒有機會與

對方確認,當事人需注意這個誤差存在的可能性,避免立即做出負面的判斷,以減少後續溝通的障礙。

相關概念

◆ 基本歸因誤差

個案 5
洩氣的主管

　　Mark是A國汽車大廠一位優秀的主管。由於他的表現很好,總公司派他前往M國管理分公司。他信心滿滿前往。

　　到了當地,他採用A國民主式管理,開會與員工討論,但由於大家很少發言,開會不了了之。私底下,員工卻抱怨Mark沒有給予明確的指示。另外,Mark發現生產線員工常常缺勤,特別在發薪水之後,經常無故不到。為了解決這個問題,他決定採用A國的績效獎金制度。表現愈好,可領到愈多的獎金。沒想到員工領到獎金之後缺勤的情形卻更加嚴重⋯⋯。

　　信心滿滿的Mark像消了氣的皮球,完全失去了方向⋯⋯。

國家文化比較

一、權力距離: M國高於A國
二、長期取向: A國高於M國

問題討論

- ◆ 請引用相關理論概念,來分析Mark遇到的問題。
- ◆ 對於Mark在分公司的管理有什麼建議?

解析

　　在Hofstede的文化模式中，權力距離與團隊的領導息息相關。在權力距離比較低的A國環境，決策常使用參與及討論方式。上司在做決策前會詢問部屬的意見，而部屬也習慣於有機會表達自身的想法。而Mark到了M國的子公司，與A國相比，M文化的權力距離偏高，因此，員工較習慣於上級扮演權威者的角色，也期待上司直接給予命令，因為主管很少諮詢員工的意見。

　　其次，在績效獎金方面，其制度的設計是：有高績效時就可以拿到額外的獎金，用以激勵人們願意付出更多。然而，這樣的設計是否能夠有效，與文化價值的偏好是相關的。因為M文化價值偏向短期取向，有些員工在發薪水之後便立刻去消費娛樂，導致無故不到。當公司增加了績效獎金，Mark發現常缺勤的員工在獲得獎金之後又安排更多的活動，也因此反而增加了缺勤的情況。

　　其次，研究也發現，工作類別也會影響績效獎金制度的有效性。對於知識型／創意型的工作者，除了獎金的報酬，仍需要有其他的因素來激勵，包括了自主性、成長性，以及有意義的目的性。因此，在此個案中，Mark進行跨文化管理時，A國的激勵設計無法直接套用到

M國。需要對當地的文化特性、工作屬性及類別、個人領導風格等因素，作統整性的考量。

> **相關概念**
>
> ◆ Hofstede 文化模式
> ◆ 跨文化管理

個案6
楓城心事

▌情境1

　　為了公務的原因，從小在K國成長的大明被派至著名的楓城三個月。他剛到的時候，看到滿地的楓葉，感覺新鮮又興奮。

　　大明與一個年輕的同仁Mark被編在同一組，因此共用一間辦公室，因為坐了兩個人，感覺有些擠。而這幾天Mark在清理自己的座位，把一些箱子和紙張都堆在走道上，影響到大明的空間，讓他進出更加不便。雜物已經放了好幾天了，大明很希望Mark能夠趕快把這些東西清理乾淨，但是又不知道該如何表達。

　　大明想了很久，終於決定走到Mark的旁邊跟他溝通。

　　大明：「我注意到你清理了你的座位了。」其實，大明真正的意思是：「請趕快把雜物清走。」

　　Mark：「對啊，超開心的，我的座位很乾淨吧！」

　　雖然大明開口了，但是Mark卻完全沒有意會到他真正的意思，也沒有提到雜物或表示歉意，反而是非常高興大明注意到他的座位。

情境2

第二天，又發生了一件事情，讓大明也感到很困擾。最近Mark因為一項公共工程的案件，正在處理許多重要且機密的文件。但是，今天早上Mark在座位上遍尋不著一份重要的文件，他又急又挫折，在辦公室內大喊：「誰偷走了我的文件！」當下，大明突然覺得心裡一悶，感受很不舒服，因為畢竟辦公室始終都只有兩個人。他這樣大喊，豈不是在暗示是他拿走的。但是大明忍在心裡，並沒有說什麼。

午餐時間，大明照例到餐廳取餐，他看到同事們零零星星分散在餐廳中。他們的上司Jack和同事Cindy及Mark坐在一起，Cindy餐盤上放了一個小餅乾，Jack趁著她和別人聊天時，吃掉了餅乾。Cindy回過頭來，發現餅乾不見了便質問Jack。

Cindy：「你偷了我的餅乾！」

Jack笑笑說：「我沒有。」

Jack開玩笑的指著大明：「是他拿的。」

Cindy根本不相信：「他兩隻手拿著餐盤，怎麼可能拿呢？」

Jack大笑的說：「說不定他有另一隻手啊。」

Cindy笑笑的打了Jack，也向大明揮手示意。不久，一行人便起身離去。

　　然而，大明的心裡卻是非常不舒服，「Jack為什麼說我有『另一隻手』？Mark和同事們說了什麼嗎？Jack認為我拿走了Mark的文件嗎？」下午回到辦公室，大明感覺很委屈，完全無法辦公。這中間是否有什麼誤會，他該如何處理？

　　窗外仍然是滿城的楓葉，但大明望著同樣的景象，卻一點也感受不到之前的雀躍與興奮。

問題討論

- ◆ 在這個情境中發生了什麼誤會？誤會是如何產生的？
- ◆ 請引用相關理論概念，分析問題並且提出建議。

解析

　　這個案例中,出現了「高語境溝通」與「低語境溝通」的差別。這是由學者 Hall 所提出來。所謂「高語境」是指很多語言(或文字)要表達的意涵已經包括在環境的訊息裡面(語境)裡,不需要直接用言語來表達;相對的,「低語境」是指每一件要表達的事情都須要用言語或文字清清楚楚、明明白白的說出來或寫出來(第二章、第五章)。由於這兩種方式的差異,高低語境的溝通常會互相誤會。凡事講清楚說明白的人,有時候會覺得高語境的方式太過間接迂迴,為什麼不直接講出來,似乎不夠誠實或是有所隱瞞。相對的,高語境的人會認為情況已經很清楚了,還需要多說嗎?有時也會覺得低語境的人太過直接,以致於沒有轉圜的空間。

　　在情境 1 中,相對於 Mark,大明是屬於比較高語境,他以委婉的方式希望對方清理。在大明看來,情況已經很明顯,雜物到處都是,我都快不能走路了(情境訊息)。然而,這樣的句子在 Mark 聽起來卻沒有得到情境的訊息,單純只接收到語言的訊息。從溝通模式的 10 個要素來分析,大明所發出的訊息在 Mark 接收上出現了落差。其次,在情境 2 中,Jack 開玩笑說:「說不定他(大明)有另一隻手啊。」由於大明的文化中,多一隻手有暗指偷東西的意涵,因此,他在解碼時

便加入了「偷」的詮釋，覺得別人可能認為他偷取了文件。編碼與解碼的落差引發了他沮喪的心情。

事實上，在一般的人際溝通中，也會因為編碼解碼之間的落差而形成誤解。而大明的情況又再加入國際文化的因素，增加了複雜度。在這樣的情況下，大明可以逐漸調整自己，試著使用低語境，例如：他可以主動告訴Mark，他願意一起來找文件，而不要只把困惑放在心裡。其次，大明也需要增加跨文化相關的概念、知識與練習，來因應更多跨國之間溝通的需求。

相關概念

◆ 高語境溝通 vs. 低語境溝通

個案 7
準時下班

下午 5:00 公司剛過下班時間。凱玲經理便看到部門內兩位外籍部屬之間的爭執。

來自 F 國的 Sam 在 5:10 便起身和大家說再見。

Sam：「明天見！」

他的組長是來自 A 國的 Jack，他有點驚訝 Sam 要離開。

Jack 心想：「什麼！他要回家了，那我們在趕工的進度怎麼辦！」

於是，他上前一步追了過去，並且開口叫住 Sam。

Jack：「Sam 等一下，你應該再多留下來一下。」

Sam 也有點驚訝的回答：「怎麼了嗎？已經下班了。」

Jack：「我們現在正在趕工，你應該留下來，這樣大家可以早一點完成。」

Sam：「為什麼要趕工？照我們的正常進度就可以做得完吧。」

Jack：「早一點完成會有績效加給，大家可以多一些獎金。」

Sam：「可是我不想減少我的家庭時間，我覺得與家人和小孩相處是很重要的。」

Jack:「我知道,但現在市場非常競爭,我們需要更多的獲利。」

Sam:「但是,我不想這麼做。」他皺緊眉頭,低聲的反對。空氣中也瀰漫著緊張。

凱玲是他們兩人的上司,感受到雙方衝突的氣氛……。

問題討論

- ◆ 請引用相關的概念,分析兩人意見衝突的可能原因。
- ◆ 面對不同國籍的成員,凱玲經理該如何來管理?

解析

　　在國家文化價值中，有些地區被歸類為重視績效（陽剛特質）、有些則比較重視生活品質（陰柔特質）。在本個案中，主管（Jack）與員工（Sam）代表不同特質的國家文化。前者認為工作的表現與投入最為重要，如果能加緊趕工，可以在時間內達到更高的績效，以取得獎金。相對的，後者則認為給家庭的時間很重要，與家人及孩子需要有品質的相處。

　　不同的國籍、文化、價值觀，是多元團隊所必須面對的議題，管理者碰到的挑戰是如何在「尊重差異」與「團隊規範」之間找到平衡點。組織的定義是一群人朝著共同的目標前進。然而，當不同國家的員工跟主管說：「這就是我國家的文化，請尊重我」時，團隊的運作該如何維持？

　　要處理多文化的管理，仍然要回到文化本身，也就是文化基本的定義：分享的價值（shared value）。由於多元團隊的成員來自不同的國家，在個人的領域方面必須予以理解及尊重，然而，也正因為這樣的多元，在組織層面的公領域，則更有需要建立一個共同接受的新文化。換言之，當成員之間的差異愈多，一個新的分享價值就更有其重要性，以建立出雙向的尊重，讓個體差異與團隊運作之間能夠同時存

在。而這也就顯示出國家文化、組織文化、團隊文化在多元化管理中都扮演著一定的角色。

相關概念

- ◆ 多元化管理
- ◆ 文化差異與衝突

個案 8
點頭表示「好」？

　　北美的企業 Gogo 公司在亞洲的 K 國設立了分公司，然而過去二年，分公司的業務量持續下降，半年前總公司派了副總經理 Andy 來協助分公司提升銷售量。

　　Andy 來 K 國之後，先詢問市場行銷及業務的狀況。為了瞭解業務人員的工作，他與業務一起去拜訪客戶，但是他發現這裡的業務大多採取低價策略，對公司產品的價值並沒有太多的描述。另外，他們大都拜訪自己已經認識的人。對於新的客戶群，大多只是留下產品簡介就走了，沒有強調產品的品質與特性，因此效果非常有限。由於這些問題，他決定引進在北美總公司的一系列訓練，提升業務人員對公司價值的瞭解與認同。

　　在訓練課程中，Andy 親自上場去說明總公司的政策，例如：不要只採低價策略、要拓展公司新客源等。上課時，他看到所有的業務人員都點頭表示認同。課堂中也都沒有人提出任何問題或質疑，他對訓練的過程頗為滿意，也對成果具有信心。

但是,三個月過去了,Andy卻發現,他的建議沒有任何一項被落實,業務人員還是用原有的方式銷售。事實證明,訓練沒有發生效果,完全失敗了。

問題討論

- 請引用相關概念,分析Andy遇到的問題。
- 對於Gogo公司在K國的訓練設計,請提出建議。

解析

　　點頭代表什麼？是亞洲文化會常使西方人困惑的地方。如果它代表「好」或「是」，個案中的受訓員工都點頭，但主管說的話卻都沒有被遵循。難道它代表「不好」或「不是」？那又為什麼不直接說出不同的意見呢？

　　點頭，可以代表多種的意義，有時僅只是「我聽到了」，並沒有同意或不同意的意思。這屬於高語境脈絡的溝通，常使來自低語境文化的人難以理解，有時甚至會認為這些人有話不明說，或刻意隱瞞等，形成跨文化溝通的誤解。

　　副總Andy把母國的訓練移植到另一個文化時，需要對當地的文化及學員特質有所瞭解。然而，對文化的新進者，要理解非言語的溝通在初期確實有其難度，尤其是講師與學員來自不同的文化時。面對這樣的情況，講師可以在該文化的群組中找幾位學員當作溝通的橋樑。一方面從這些學員得到該文化的內部觀點；另一方面，也透過他們在群組中進行訊息的傳達與協調。換言之，當兩個（或多個）文化的群組互動時，由各別群組中找到少數內部人員來協助，彼此交換訊息及溝通，以尋求群組之間的共識。

除此之外,當訓練方案在不同文化之間實施時,在學習設計、教學方法、講師訓練及教材準備方面,有一些策略可以運用。這些內容在本書第十四章中有更詳細的說明。

相關概念

◆ 非言語溝通
◆ 訓練方案的跨文化調整

個案9
健康的使命

　　維強到T文化的社區進行公共衛生的服務，社區人民受到多種疾病的困擾，許多人在青壯年時便過世。他與團隊發現在當地公共衛生的資訊很有限，對衛生知識的不瞭解導致人們容易生病。為了減少疾病的發生及死亡率，他接受組織派任，到當地推廣公共衛生的觀念。

　　他想，每個人對於自己的生命應該都是很重視的，於是在到達T文化社區之後，他便跟當地人說：「如果不改變衛生習慣，會產生很多的疾病，嚴重的話就會危及生命。」然而，他用這個方法，當地人卻不是很在意。不論他怎麼強調，他們對衛生教育的反應似乎都很冷淡。

　　面對效果不彰的推廣教育，維強感到很困惑。他不知道為什麼在自己家鄉可用的方法，在T文化中卻派不上用場，令他感到很氣餒。

問題討論

- ◆ 請引用相關概念，來分析可能的原因。
- ◆ 依據分析的結果，請提出維強可以怎麼做。

解析

　　在維強的個案裡涉及了兩個重要的概念：「基模改變」（第四章）及「投射的相似性」（第五章）。這兩個概念是息息相關的。基模是人從小到大藉由經驗所累積的知識結構。它隨著經驗的次數而逐漸建立，它能減少人們在面對類似情形時所花費的時間，使我們的行為應對更加簡化、有效率。

　　然而，當我們到另一個文化中時，原有的基模有可能會產生失靈，這也是「投射的相似性」的作用。投射的相似性是指人們在看到他人時，常會不自覺的假設別人與自己相似，其所假設的人我差異性，往往會小於實際的差異。也因此，當我們把自己習以為常的基模應用於新的情況中時，常會出現不適用，使事情無法如預期順利完成，進而導致心情的沮喪或低落等。

具體行動

　　面對在T文化中工作的不順利，維強把這個問題提出來請教當地的一位年長的領導者。長者聽完沉思了一會兒，告訴維強：「你這樣的說法，許多人不會在意是有原因的。因為這裡的居民相信人在生命結束還會再回來，因此即使他們這一生因病而結束，也還會有來生，

所以有些人並不在意你的說法。」

「那該怎麼做呢？」維強困惑的問。

長者建議：「你可以嘗試用另外一個方法引導。因為這裡的人民對維護自己的宗教有一份使命感。你不妨提醒大家，他們很幸運接受到了宗教的教育，應該要保持健康。如果年紀輕輕就因自己疏忽而生病或死亡，這樣是沒辦法幫助延續自己的信仰。」

維強和長者談過後，自己也再深入觀察當地的民情及信念，逐步調整自己推動公共教育的方法。他嘗試把衛生習慣與當地對延續信仰的責任作更多的連結。在改變作法之後，他與當地社區人民的溝通產生了比以往更多的共鳴，也引發較高的關注與改變。

小結

雖然在跨文化的情境中，基模的應用時而會出現無效的狀況，但它卻帶來新的機會，讓人們更深一層看到差異所在，而有機會去進行基模的改變。在這個例子裡，維強初期發現原來好用的模式卻派不上用場，感受到文化的衝擊。而這樣的衝擊讓他在心理出現拉扯與緊張，並展開內在的對話，同時也尋求外在的關係人（長者）提供文化

資訊。在獲得與當地社群有關的知識之後,他嘗試新的作法,把自己的工作方法配合當地的信念作改變,以改善效果,而自己也重新取得內在與外在的平衡。

　　基模的調整會拓展原有的視角,迫使人們從不同的角度,或更高的視野去詮釋新的狀況,而這也是跨文化能力提升的重要契機與關鍵。

相關概念

◆ 基模的改變

◆ 投射的相似性

個案 10
美麗的花瓶

　　培莉的公司派她到U國進行業務合作，她須與當地的行銷團隊共事六個月，以決定全球幾個主要市場的策略。她很珍惜這個機會，認為對自己的專業是一種肯定，而對國際能力也是一個很好的磨練。

　　她到當地的第三天，其實還有時差，但公司已經開始通知她參加一系列的會議。她每次在開會之前，都會把文件全部看完，在會議上，也都很仔細聆聽團隊成員發表意見，大家都很主動踴躍發言。培莉都很安靜的聽，因為她覺得自己才剛來，要多尊重別人的想法。而且同事和主管也從來沒有停下來詢問她的意見，因此在會議中，她大多是笑笑沒有發表意見。二週之後，一次會議結束，同事Betty遞來一杯咖啡，問她：「有些同事們在問，妳都沉默不發言，好像不想參加討論？還是妳資料沒有讀完呢？」培莉突然不知道如何回答，她其實是想傳達「尊重」，也在等待輪到她發言的機會，但結果怎麼會是這樣？

　　一天，有位客戶送給總經理一個瓷花瓶，他非常的開心，特別在開會時擺出來供大家欣賞。

　　總經理讚嘆：「這花瓶來自亞洲，圖案真是精緻漂亮。」

　　同事John想表達對培莉的友善，因此也搭腔：「我們的新

同事培莉也來自亞洲，像這花瓶一樣。」

大家一聽哈哈大笑，對John說：「這樣也能連在一起！」

可是，培莉卻不感覺好笑，反而像被敲了一根悶棍。難道因為自己在會議裡都沒有發言，在暗指我的工作能力不好嗎？之前，因為同事對她的看法已經讓培莉有點挫折，現在又有同事說她像花瓶，令她感到更加的沮喪，連開會的動力都沒有了。

問題討論

- ◆ 請說明這些情境所涉及的跨文化概念。
- ◆ 請運用這些概念來分析培莉的處境，並提供建議。

解析

在這則個案裡,出現了跨文化差異所帶來的誤解及障礙,可用溝通模式進行分析。基本的溝通模式包含了10個元素(第五章):訊息發送者、編碼、訊息、傳送管道、接收者、解碼、接收者反應、回饋、干擾、環境脈絡。以這個模式來分析培莉的個案,有二個地方出現編碼及解碼的落差。

第一,當培莉想要用微笑及沉默(編碼方式)來表達她的「尊重」(訊息)。然而,當對方(有些當地的同事)接收到時,會以本身的文化背景進行解碼。由於在她同事的經驗中,開會時沉默表示還沒準備好,或不想參與。也因此培莉希望以沉默及微笑所表達的訊息「尊重」,由於文化的差異,卻在對方解碼時產生了不同的意涵。

第二,在花瓶事件上,情況卻是相反。發話者John希望表達善意,促進團隊情誼,當他說培莉「像這花瓶一樣」其實是希望讚美。然而,因為培莉的文化背景,「花瓶」兩個字被加進了「工作不力」的隱喻,再加上之前的「開會不想參與」的誤會(干擾因素),使得培莉懷疑同事是意有所指,然而,這卻不是事實。由於文化之間的差異,兩邊當事者對同一個字句有不同的編碼方式,也有不同的解碼(詮釋),因此成為跨文化溝通障礙的原因。

其次,培莉的情況也涉及了「非言語的溝通」,即是不同的對話方式。培莉在會議中,覺得自己剛到,要等到主管和同事停下來詢問:「妳的意見怎麼樣?」會比較有禮貌,然而,這樣的時刻卻從未到來。因為,在U國分公司,成員們有話就直接說出來,不用等待別人邀請發言。由於不同的對話習慣,導致雙方的誤解。同事認為培莉沒有興趣或尚未準備好,而培莉覺得插話好像會沒有禮貌。這些只是雙方面以自己文化的角度來詮釋對方的行為。

在當下,培莉雖然覺得沮喪且困惑,但她提振精神,從兩方面嘗試改變:

一、她花時間觀察同事們的互動,並用更開放的方式去釐清可能的誤解。例如:她利用大家中餐閒談的時間,用很輕鬆的語氣主動提到在自己的家鄉,花瓶還有另外的意涵。John一聽有點驚訝,也解釋他並不知道在培莉的文化裡花瓶有其他的意思。透過這樣輕鬆又友善的過程,培莉很自然的化開了自己的困惑。

二、她開始嘗試一些行為的實驗,練習讓自己更主動的發言,不用等待別人邀請她說話。剛開始時比較艱難,也會覺得不自在,但

在經過多次的練習之後,逐漸可以突破以往慣有的模式,建立較適合新文化環境的行為方式。

相關概念

- ◆ 跨文化溝通障礙
- ◆ 非言語的溝通

個案11
心的深秋

　　開學二個多月了,時節進入秋天,傍晚天色暗得早,也帶著明顯的涼意。此時,系主任看到學生Mina倚在欄杆邊望著遠處,臉上有些憂傷。一位同仁在旁邊,偶爾與她細聲的聊天。

　　Mina是從東歐來的國際學生,第一次來P國。開學的第一個月她表現得開朗活潑,和同學們相處得不錯。課業上有問題的時候,也會向老師請教,各方面的適應似乎都很良好。然而,從上個禮拜開始,老師們就發現她上課發言的次數明顯降低,有時似乎心不在焉,悶悶不說話。老師詢問她狀況,她也只是簡短笑笑的說"I am fine",便禮貌的點頭離開。

　　天色已經暗了,主任再看向走廊,Mina已經離開,於是他回到辦公室收拾桌上的文件。此時,與Mina聊天的同仁走進來,主任詢問了一下狀況。果然如預期,她的狀況並不好。

　　同仁:「Mina這陣子突然感覺那裡都不想去,做什麼事都提不起勁,晚上常睡不好,而且突然非常想家。她雖然和班上的同學感情不錯,但是卻常常感到很孤單、悶悶不樂,甚至難過到一直哭,停不下來。已經有好幾次,想乾脆休學回到自己的國家。」

主任:「我瞭解。」

同仁:「主任,這樣的狀況真令人擔心。該怎麼辦呢?」

> **問題討論**
>
> ◆ 請引用相關的理論概念,分析 Mina 所遇到的情況。
> ◆ 請說明該如何輔導 Mina 度過這些問題?

解析

　　在這則個案中，Mina正在經歷異文化適應的歷程。她的情況比較類似U型曲線。在初期，因為有很多新的事務，感覺新鮮且興奮。隨著時間的拉長，本身與周圍的熱度會慢慢回歸平淡，當事人也會在生活中面對許多實際的問題，包括：食物、氣候、人際、課業或工作等，不如意的事件也會開始出現。此時，曲線的高峰會開始往下走，從蜜月期走向文化衝擊的低潮期。

　　從Mina的陳述，她已經出現了憂傷、想家、孤單感、不想與人群接觸、封閉自己、想休學等。輔導的同仁一方面先聆聽她的感受，並以陪伴為主；另一方面也與主任討論後續的協助方法。

　　主任請同仁坐下來，在瞭解情況與細節後，先向同仁說明適應曲線的概念及圖表，接著也提出幾項建議：

一、讓Mina也認識適應曲線，協助她瞭解這是許多國際學生會經歷的過程。
二、搜尋校內外該國校友及學生的社群，促進Mina與家鄉成員們的連結。
三、鼓勵Mina多吸收跨文化的知識與資訊，例如：演講、影片、期刊等，透過知識面的提升，也提高自我協助與照顧的能力。
四、提供校內英文諮商輔導的資訊。必要時，協助安排及轉介。

Mina經歷了異文化適應的蜜月期，目前正走入低潮期，如果有適當的輔導及活動，其適應曲線有機會慢慢往上走。依據這些建議，加上同仁的陪伴與協助，Mina後來適應良好，並順利完成學業回到家鄉。

　　除了國際學生，在這個過程中，輔導的同仁也會需要有相關的資源與訓練。透過職務中的學習，以及主管的支持與培育，逐步提升跨文化輔導的知識與能力。

相關概念

- ◆ 國際學生適應
- ◆ U型曲線

個案 12
認知與行為

明偉是一個跨國公司的學習長（Chief Learning Officer, CLO），他的公司在世界各國建立分支機構，因此他常常必須為各國主管們開設跨文化訓練的工作坊。

有一次，來自世界各國的 20 位管理者參與為期兩天的訓練，主題是有關全球化的經營環境。在上午的課堂中，明偉首先提醒各國主管在進行跨文化溝通時「容忍」（tolerance）和「同理心」（empathy）的重要性，大部分的主管聽到這些觀念都點頭表達認同與支持。

下午，為了讓主管們瞭解在各國進行貿易時的社會狀況，明偉引用了一些跨國調查的數據，其中一項是「貪污感知指數」（Corruption Perceptions Index），它呈現世界各國民眾對於當地貪污狀況的主觀感知程度。明偉才剛介紹完這個指數的意義，就有一位來自 Q 國的主管舉手，表情充滿憤怒。他的國家在這個指數中被歸類為貪污程度高，因此他認為資訊有偏頗。發言間，他忿忿不平，並且抨擊許多調查是由西方國家的機構進行，立場不公正。此時，屬於西方國家的主管們也開始紛紛舉手，在言語間反擊。衝突的氛圍愈來愈升高，雙邊你來我往、唇槍舌戰，且互不相讓。

這一切都不在明偉的預期之中,他問自己:「接下來,該怎麼處理?」

問題討論

- ◆ 請引用相關概念,分析課堂中的狀況。
- ◆ 請從教學的角度,提供明偉建議。

解析

　　在這個案例中,包含了兩個層面的議題。第一,明偉的訓練課堂包含了多重文化背景的學員,由於教材的內容,引發了不同立場的論辯。第二,學員的跨文化溝通能力,仍存在認知與行為的差距。前者是屬於理念與知識;而後者則屬於實際的作為。在本個案中,參訓的主管們對包容及同理的理念深表認同(認知)。然而,到了下午,在面對不同意見時,其溝通的方式(行為)與所認同的理念仍呈現出落差。

　　當雙方氣憤的情緒開始升高,雖然這一切不在明偉的預期之中,但他認為這是讓大家演練跨文化溝通的機會。因此,他先告訴大家:每個人只要舉手皆可以發言,並請其他人都先聆聽、不插話。之後,他讓不同意見的人充分表達,暫時不作評論,僅在少數的時間點詢問1-2個問題。例如:當Q國學員談到西方國家態度不友善時,明偉詢問:「是否能舉出更具體的事例?」學員指出有些跨國企業到當地開發卻運用不當的方法,對當地環境及人民造成衝擊。

　　明偉也讓另一方的學員們發言。他們說,聽完Q國學員的經驗,可以瞭解他為什麼會感到氣憤,但這是某部分企業不當的作法,不能推論到西方國家所有的政府及人民。之後,Q國的主管也承認,他的

確情緒比較激動,但他只是很想為自己國家發聲,而不是被國際誤解。

經過了幾次的來回,透過雙方的說與聽,氣氛逐漸的緩和,討論也告一個段落。此時,明偉請大家回顧一下整個過程,讓大家表達,下一次當他們再次面對差異時,會如何運用容忍與同理,以改善跨文化溝通。主管們仍是極為認同理念,但也承認在行為上還無法完全做到。不過經過這次的經驗,他們發現自己在行為面仍需要多一些演練。

這次的事件也讓明偉更加瞭解:「課堂中學員的文化差異會影響教學過程,講師需要有所覺察,不論在教材選擇以及引導的方式上,都需要更有文化敏感度。」

相關概念

- ◆ 課堂中的文化差異
- ◆ 文化認知與行為

個案 13
叫我 David 就好

晏華是亞洲一家科技公司的副總，最近他帶著兩位年輕的研發工程師（小東、小虹）到北美N國的分公司進行一系列的會議。

在N國，他們主要是與三位資深主任合作，共同研議產品研發。三位的年紀都比小東及小虹年長許多。在N國開會時，小東、小虹總是稱呼對方的職稱"Director"，而且大部分都是資深成員在發言，兩位年輕人很少說話，只是安靜的聽。這與他們在母國時的表現差別很大，因為平時他們和年輕工程師討論時，總是主動發言而且新點子多，因此常激發團隊許多的創意，但是到了N國卻完全不同。這樣的差別讓晏華很納悶，他們兩人的英文都不是問題，那問題在那呢？晏華找來兩人詢問。

晏華：「你們在這裡開會很少說話，有什麼原因嗎？」

小東和小虹：「對方是長輩，所以盡量尊重他們的發言。」

聽完，晏華瞭解情況，鼓勵他們比照當地的習慣，稱呼對方的名字，並且可以有話直說。隔日，小東看到資深主任，禮貌的問候。

小東："Director Logan, good morning."（羅根主任，早安）。

羅根主任："Morning. Actually you can just call me David."
（早。其實你可以叫我David就好。）

晏華也附和:「對啊,在這裡即使年長者,稱呼名字是可以
　　　　　的。」
David又說:「雖然我們比較年長,但大家是平等的,在會
　　　　　議中有話直說沒關係。」
　小東、小虹點點頭,表達知道了。因為得到了年長者的許可,他們也練習改口稱對方David。在互動上,他們逐漸以更平等及直接的方式來互動,讓跨國團隊的討論較為順利,也產生新的創意。

> **問題討論**
>
> ◆ 請從文化的角度,分析小東和小虹初期開會不發言的原因。
> ◆ 對於不同國籍成員間的合作,組織可以提供什麼協助?

解析

　　在權力距離高的文化環境中，人們偏向接受不平等的層級關係。地位與職稱代表權威，高位者的意見比較不能被挑戰。這兩位來自亞洲的年輕工程師到了N國看見年長的人員，表現出謙恭有禮，也稱呼對方的職稱。這些敬老的觀念與作法，讓他們不習慣說出與年長者不同的意見，甚至很少能自由的表達自己的看法。這與他們在自己團隊中的表現有很大的差異。

　　晏華瞭解了小東、小虹的想法，知道要一下子改變觀念與行為並不是那麼容易。因此，他和David溝通，請他主動讓兩位年輕人知道可以稱呼他的名字，告知他們：「直接叫我David沒關係」，並且叮嚀要有話直說。兩位有敬老觀念的年輕人在獲得授權與許可之後，便自在了許多。透過稱謂的改變，從形式上去淡化權力的差距，建立起平等交流的氛圍，讓創意能夠延展開來，達到原本期望的會議目標。

　　個人對環境的詮釋會決定行為的選擇，也影響著內在基模的移動。人們對於權力與上下關係的認知，牽動著個人社會行為的抉擇，包括：溝通、決策、領導等。現代跨國組織的經營讓許多人必須在權力距離「高」與「低」的文化之間移動，運用一些小的改變，可以協助當事人在行為方面隨之調整。個人的價值與行為是長時間養成的習

慣，要增加其跨國時的彈性，需要透過知覺與練習的搭配才能逐步拓展。除了個人的努力，組織可提供文化的相關資訊、合作前的行前訓練及工作輔導等。另外，也可請有相關經驗的同仁們擔任教練，並進行角色的演練，以增加訓練的強度。

相關概念

- ◆ 權力距離
- ◆ 基模的轉換

個案 14
你們決定吧

　　隨著全球經濟的發展，跨國的投資及經營團隊日益普遍。「品華旅館」即是一個例子，它由C國與S國的酒店集團合資而成立。之前，C國的旅館由當地經理帶領，該文化重視層級及資歷、職場輩分與倫理，員工主要是遵循高階及中階經理的指示，按步就班執行任務。雖然業績表現普通，但也平順的過了12年。

　　這兩年，總集團希望提高C國旅館的績效表現，任命S國的卡琳來擔任C國旅館的總經理。卡琳對她自己和C國充滿了信心。

　　在領導會議中，卡琳希望主管多授權給第一線的員工做決定，不要局限在傳統的行事規章裡。她認為這樣才能創造客製化及更優質的服務。在會議中，大多數主管都點頭，但也有些沉默沒有發表意見。在會議後，為了鼓勵授權，總經理開始進行變革，大幅的減少公司裡的層級，也獎勵員工創新。這使原本具有權力的主管們產生了不滿的情緒。

　　雖然卡琳鼓勵授權給員工做決定的權限，但過去習慣聽命行事的員工似乎不知道自己應該如何做，所做出來的決定，有時會被原有的主管退回，使他們不知所措也左右為難，以致於許多員工心生沮喪與壓力。

新作風所帶來的問題日益嚴重，導致人員離職率與曠職率升高，客戶的投訴也增加。由於內外部的衝突不斷，旅館的經營不但沒有進展，反而日益走下坡。

問題討論

- ◆ 請從跨國經營的角度，分析「品華旅館」所經歷的問題。
- ◆ 請從組織變革的角度，檢視卡琳的領導策略在C國的困境。

解析

　　組織中的決策與權力相關，權力的運用又與文化價值中對權力距離的認知有關。個案中的C國，當地公司的員工習慣於聽命上司來工作，偏向於權力距離高的模式。他們視上司為權威者，因此上級對決策也具有絕對的權力。柜對的，來自於S國的卡琳，運用自己本國的模式，希望把權力之間的距離縮減，採用參與式管理，授權讓員工有更多的權力做決定，這與原本的模式有相當大的差異。造成上司及員工的不適應，產生了新的問題。

　　在跨國的組織中，管理者容易陷入「母國」與「在地國」文化的差異或甚至對立之中。到底要遵照總公司的管理方式，還是依照在地國的行事作風？在本個案中，S國偏平權式的管理風格，與C國高權力距離的文化產生了難以融入的狀況，使得卡琳面臨到組織內部的抗拒。而在抗拒發生後，又未能進行適當地融合，使得兩個文化間「水土不服」的情況日益嚴重。

　　「文化」是團體成員所分享的意義，因此，跨文化的問題仍需要以文化來緩解。當母國與在地國有明顯的差異，而產生緊張關係時，需要有「第三文化」來調和，這個第三文化是雙方共同建立（分享）

的組織文化。建立內部文化是一個逐漸轉換的過程,從管理者個人的理念與言談、到內部的制度調整、相關訓練的引導等,都是需要關注及運用的層面。跨文化的融合是一個人員學習與轉變的過程,過程中它會遇到不少抗拒。但主導者可從能做的地方先開始著手,透過擴散的方式提高影響性,由小處先建立新的共同文化,逐步向外連結。

相關概念

- ◆ 跨國組織變革
- ◆ 跨文化管理

個案 15
顧問的難題

明莉是國際貿易合作的商業顧問，她提供跨文化的知識，並協助外商解決國際經商時所面臨的各式難題，因此許多國外朋友都把她視為跨國工作的夥伴。剛才她接到一通電話，是一家著名飯店集團的副理Roth打來的，這家飯店從G國起家，目前正把業務拓展到亞洲。在電話裡Roth提到在J國推動業務的困難。

> 他說：「有一件事讓我很困擾。我們公司計畫拓展亞洲的觀光，與當地的飯店合作。我透過朋友的介紹，有機會拜訪J國連鎖大飯店的董事長。我帶著合約，準備仔細向他說明，但見面後，對方卻和我談歐洲的藝術，帶我參觀他的油畫，還問我平時有沒有喜歡的藝術家。午餐的時候，我很希望可以直接談合作的條款，想逐條一一說明清楚，但對方卻是笑笑點頭，又和我聊起西方的酒和東方的茶。會談的結果真是一點進展都沒有，心裡很急。每個人都告訴我兩個地方（G國和J國）文化不同，我知道不一樣，但是，到底該怎麼做呢？」

聽完了 Roth 的問題，明莉想：「問題出在那？該給他什麼建議呢？」

> **問題討論**
>
> ◆ 請以跨文化概念分析 Roth 所遇到的問題。
> ◆ 明莉該提供給 Roth 什麼樣的建議？

解析

　　個案中,G國的副理Roth對於遲遲無法進入合約實質的討論而感到困惑。在不同文化之間,信任的基礎有些是建立在任務上,有些則建立在關係上(第二章)。其次,在偏向低語境的文化,人們傾向把工作合約的內容鉅細靡遺的以文字列出,一切以文字為主要依據。相對的,在重視關係的文化價值觀中,雙方的合作重在「人」,因為再詳細的合約文字,最後還是要依靠人來執行,因此,有了對人的認識與瞭解,才能決定是否可靠、建立可信任的合作關係。前者的工作模式,常被歸為工作導向;而後者則為關係導向。兩者之間的差異,便可能造成Roth的困擾與沮喪。

　　明莉告知Roth文化之間這樣的差異,建議他在互動的過程中,讓對方瞭解自己的想法及價值觀,以及對工作與合約的態度,不用急於進入合約細節,反而是把重點放在關係的建立與信任的累積。

　　於是,Roth放慢自己要盡快簽約的想法,試著從人的認識先切入,再進入工作討論。而集團董事長也在與Roth談話幾次之後,瞭

解他及所代表公司的歷史、發展,以及可信賴度,與他們簽下長期合作的合約。

相關概念

- ◆ 任務基礎 vs. 關係基礎
- ◆ 低語境 vs. 高語境

個案 16
我很 Open-Minded

辦公室裡,大家為了要不要開放外籍人士來公司內實習,而有所爭辯,團隊成員紛紛表達看法。

小甲:「開放外國人士來實習,我看不要吧。多一事不如少一事。現在不是好好的嗎?幹嘛要改變啊!」

大乙:「我是很 open 啦!但是有些國家的文化跟我們很不一樣,他們進來,大家都很不適應吧?而且管理上如果還要納入他們不同的風俗習慣。哎唷!我不是很喜歡啦!我們的文化還是比較好吧!」

中丙:「你不能這麼說哦!我們自己的文化也有很多風俗習慣啊!而且,其他文化比我們的文化好很多耶!像是街道好乾淨,公共場合很安靜,我們自己都做不到,別人的文化比我們好太多了!」

土丁:「我覺得適應不是問題吧!天下大同嘛!只要我們對待別人跟對待自己一樣就好,像是自己的兄弟姐妹啊!我們喜歡的,他們也會喜歡,對待他們像跟對待我們自己一樣。這樣是最平等、最和平的方法,相處沒有問題的。」

大家七嘴八舌，對於要不要開放外籍人士來實習態度都不一致，實在不知該如何做決策。

---- 問題討論 ----

◆ 請分析小甲、大乙、中丙、土丁對異文化的態度。
◆ 請以相關概念分析，每一種態度可能存在什麼盲點？

解析

　　文化的面向很廣，而人們對異文化的態度也非常多種。針對不同的態度，學者建構出了跨文化敏感度發展模式（developmental model of intercultural sensitivity, DMIS；第三章）。個案中，小甲、大乙、中丙、土丁四位各代表了DMIS中的其中一個面向。

小甲：偏向避免與異文化接觸，希望多一事不如少一事。代表了DMIS中的第一面向，對異文化接觸持比較消極與否定的態度。

大乙：雖然說自己很開放，但認為自己的文化還是優於他人的，是屬於DMIS的第二面向，偏向自我防衛。

中丙：他能欣賞他人的文化，但在比較之後，與大乙相反，認為自己的文化不及他人，別人的比較好。這是屬於DMIS中的第二面向中的反向防衛。

土丁：屬於DMIS的第三階段：差異最小化。這樣的態度頗為常見，常聽到人說：希望別人如何對待我，我就應該如何待他們，把他們（來自不同文化的人）看成像「我們」一樣。這樣的態度看似對其他文化開放與和善，然而，在主體方面，仍是以我為出發，忽略了「別人」和「我」不一定一樣，而且，別

人所希望被對待的方式,也不一定和我所喜歡的一樣。

如果經過跨文化互動與訓練,四位在文化的敏感度方面,都有可能再往「接受差異性」或「適應差異性」的方向發展,除了在認知上接受差異,在行為上也能夠更有彈性的調適。

相關概念

◆ 跨文化敏感度發展模式(DMIS)

個案 17
異鄉的迷霧

　　傍晚的S國，天氣微涼且有些晚霞，往來的電車在起伏的街道中穿梭，形成一幅特殊的景色，然而，正國默默走在街道上卻若有所思，無心欣賞這異國的景色。

　　正國來自台灣，小時候由於父親工作的關係，曾經在P國住過一段時間，並且在那裡完成大學以及研究所的學業。之後，也在當地工作。此次，因為機構裡有一個跨國計畫案，有國際工作經驗的正國，就被選派到S國擔任中階主管。能夠有這樣的機會，正國十分期待與珍惜。

　　正國出發前就聽人說過每個國家的文化不同，但自從他開始帶領當地的人工作，正國還是有蠻多困擾。首先，由於他必須負責帶領年輕的團隊工作，每次開會時，他都會直接交代工作，指示每個人應該完成的事項，並嚴格要求要達到的績效。他認為嚴格要求是主管的責任，對於年輕人來說，服從是最好的磨練，他自己在P國工作就是這樣學習過來的。然而，他這樣的想法卻好像不被接受。相對的，工作小組常常對他的指令有意見，甚至會很直接的表達對他指示內容的不認同。他以往在工作上很少碰到這樣的狀況，他重視層級倫理，也認為聽從上級工作指示是基本的工作態度。然而，在這裡，實際狀況和他個人價值的差距使他深感困擾，讓他在帶領團隊方面很不順手。

有人告訴他,要帶領團隊成功,必須要多和成員們互動,瞭解他們的生活。因此,他也試著和團隊成員聊些工作以外的話題。例如:在家鄉,大家會關心同仁們家庭的情況。也因此,他也試著去關心 S 國同仁的家庭,詢問他們有關於父母、婚姻,或者經濟等狀況。但是,這些話題似乎都引不起太多的興趣,談話常常是很快就結束了,甚至有些人都不想回答,另他頗為挫敗。

　　在這裡,正國感覺帶領團隊真的很不容易。給予嚴格的指令也不對,閒聊促進感情也行不通,真是為難。天色已經暗了氣溫下降,空氣中起了一層薄霧,他把雙手放入風衣中取暖,終於體會到異鄉的冷。對於這次跨國的共事,正國心裡有一股孤獨和無力的感受,不免想念起和老同事們的好默契。

問題討論

- ◆ 請引用相關的理論概念,分析所發生的問題。
- ◆ 請針對正國的跨文化領導提出建議。

解析

　　正國個人成長及工作的背景，較為重視工作中的層級與倫理，認為員工聽從上級的指示是基本的工作態度。這些是偏向較高的權力距離。到了S國之後，他認知到文化的差異，也覺察到團隊成員不同的行為方式，例如：直呼主管名字，開會時習慣發表許多意見等。他瞭解當地對權力結構的看法偏向平等，也聽說主管與員工之間像「朋友」一樣，因此他努力去適應，試著在成員的互動方面尋求改變，例如：多與他們聊天、瞭解他們家庭與生活的狀況。然而，當他關心這些事宜時，對方似乎又不太熱絡，讓他有些尷尬。

　　正國的努力並沒有錯，他注意到權力的距離不同，因此告訴自己要學習平等的關係，因此他試著拉近與同仁們之間的距離。然而，文化的面向是交錯而複雜的，他希望減少權力距離之間帶來的隔閡，但在想拉近距離的同時，正國需要注意其他文化面向的影響，例如：個人主義與集體主義，是否有那些話題屬於隱私（例如：薪資），不便深入探詢。

　　派外人員在異文化中適應的過程，彷彿是走入游泳池之中，是冷的、是溫的，只有個人感受得到。而且，隨著自己涉入的活動與改變，其所感受的周圍溫度也會不同，有時變暖，有時變得更冷。也由於文化的面向太多，其影響幾乎是在各個層面，因此對派外人員而

言，除了細心的觀察之外，事先瞭解一些文化面向的資訊（例如：Hofstede、Trompenaars）也有助於提供一些調整的參考方向。為了協助基模調整，可採用的作法包括：

一、蒐集及參考文化相關知識；

二、系統性的運用經驗學習：

（一）聆聽與觀察生活中實際的經驗；

（二）記錄下互動中成功及挫敗經驗；

（三）思考從經驗中學到什麼，以感受需要調整的方向；

（四）將所學到的概念應用於互動之中，以驗證所學的適用性。

　　派外人員在異文化中確實有很多新的事務需要調整。正國如果能保持這樣的認知，並持續從實際的互動中去反思及修正，漸進的強化內在對壓力的承受度。在經過初期的陣痛後，情況便有可能好轉，慢慢的可以撥開這層寒冷的迷霧。

相關概念

◆ 文化價值差異
◆ 內外在文化力

個案 18
剪刀、石頭、布

在一天的課堂上，班上坐了 16 位國際學生及 10 位本地學生，為了安排小組報告的時間，講師請各小組的組長自由填寫他們想要的日期，填完後發現剛好有兩組都想要爭取同一個時段，為此，他們之間僵持不下。

為了解決困局，講師在講台前，請兩組的組長站起來，一位是本地同學，另一位是來自他國的同學。

講師輕鬆的說：「既然你們選的時間一樣，那你們就猜拳吧。剪刀、石頭、布，贏的人就可以在你們希望的時間進行報告」。

當講師說猜拳（rock, paper, scissors）時，左邊來自本地的同學立刻把右手舉起來，做好準備出拳的動作；而在講師右邊來自不同文化的同學，他卻用雙眼靜靜的看著講師，充滿了不解與困惑……。

問題討論

- ◆ 請引用相關理論，分析發生了什麼問題。
- ◆ 在多元文化的課堂中，應該注意些什麼事項？

解析

後續

來自他國的學生看著講師，講師也看著他，情況僵住，講師不知道問題出在那裡。過個幾秒，講師突然意識到這位同學可能從來沒有玩過剪刀、石頭、布。講師詢問他：「你知道這個遊戲嗎？」果然，學生搖搖頭。講師立刻跟大家說：改用抽籤的方法。

一個習以為常的遊戲，在多元文化的課堂裡卻突顯出文化背景的差異，也呈現人們習慣以自己的世界觀來判斷另一個文化，也就是假設相似性的現象。

分析

在這個個案裡，有兩個值得探討的重點。首先，講師落入了「假設相似性」的認知裡，假設別人和自己是相似的。在生活於自己的文化環境中好長一段時間之後，人們很自然會以平常的思考模式來推理周遭的事物，由於在大部分的情況也都適用，因此使當事人更加習以為常。然而，當碰到不同文化時，就可能會踢到鐵板，出現「以為自己文化就是別人文化」的偏誤。如果當事人能在互動時感悟到差異，並加以調整，其實它是一個啟發文化覺察（cultural awareness）很好的觸媒。

其次,這則個案也呈現了在多元文化的訓練課堂中,講師需進行的調整。曾經有一位美國講師分享她的經驗,由於她的學員來自多個國家,對時間的觀念不同,產生了意想不到的困擾。她每次上課時間到時,通常只來二分之一的學員。過了半小時,大部分的學員都到達時,之前早到的學員又自動走出去休息了。另外,有些國家的男性學員對於由女性來擔任講師並不適應,因此也讓她感到一些抗拒。面對這些狀況,她從學員中找到1-2位意見領袖,請他們提供內部訊息與觀點,以協助她作教學的調整。必要時,這些學員也扮演中間者的角色,促進雙方的瞭解與溝通。這些作法對後續的教學都有所助益。

面對訓練課堂中的多重文化,講師需要因應差異以調整教學方法(外在文化力),也要能面對差異與衝突所帶來的壓力(內在文化力)。這些意料之外的情況,雖然可能增加講師授課的複雜度,但卻也是促進跨文化學習的推動力。

相關概念

◆ 假設相似性
◆ 課堂中的文化差異

個案 19
國際化的足印

▌情境 1：國際會議準備篇

Joy 的工作和國際化相關。他的業務包括：辦理國際性會議、接待各國外賓、跨國合作業務、出國參訪安排等等。現在，他就是開車要去參加一項國際論壇的籌備會議，他是此次會議的總召集人。這個國際活動為期兩週，已經準備了六個月，再過三週就要舉辦。此次會議邀請了 10 個國家共 20 名的貴賓。另外，包括其他國內外報名的參與者，預計總共將有 120 人參加。再過不久，陸續就會有貴賓到達，一切必須要盡快就緒。

「鈴……」

Joy 的手機響起，是籌備小組中負責外賓安排的 Ken。

Joy：「Ken，我正往開會的路上，什麼事？」

Ken：「Joy，不好了，有一位主要的演講者要辦理台灣簽證，還需要補一些文件，不然辦不下來。」

Joy：「他長年旅居美國和新加坡工作，辦台灣簽證應該沒有問題。」

Ken：「但是由於他本身國籍的關係，要進來台灣好像還需要其他文件。他已經來了好幾封 e-mails。因為他無法

　　　　　辦簽證，完全無法安排機票和行程，很急。」

　　Joy：「我們得趕快問問相關的程序！看該怎麼辦才好。」

進了會議室，籌備委員大都到齊了。大家正在熱烈討論食物的安排。

　　委員A：「要注意有人不吃豬，不吃牛，有人素食，都需納入考慮。」

　　委員B：「對啊，有些參與者的餐點，在準備時需經過一些特定的流程。此次會議，這樣的參與者還蠻多的。」

　　委員C：「為了尊重他們的需求，我們可以請專業的廚師，依照這些特定的流程統一作業來準備所有的餐點，這樣大家都可以吃。」

Joy覺得這樣頗為合理，加上許多委員們也贊成，於是就決定採取統一的作法。

▋ 情境2：上陣篇

　　三週很快就過去，國外講者陸續抵達，大家寒暄打招呼，氣氛頗為熱絡。負責經費事宜的Nina也準備好費用和領據給講者們簽收。其中有一位講者在清點費用後，直接詢問Nina：「為什麼領到的金額和之前聯絡時說的數字有差距？」Nina解釋，因為依據台灣的規定，這些費用都必須要扣一定額度的稅。但是，外賓還是感到困惑且不能接受。Nina也有些驚訝，她一直以為領錢扣稅應該是大家都知道的事。雖然她努力的解釋，但似乎無法讓這位講者理解，熱絡的氣氛頓時有些冰冷。

　　論壇如期開始，午餐時，主辦單位好意的告知大家，所有食物的準備都符合特定流程的要求，希望大家能安心食用，但是其他參與者得知這樣的情況後，立刻向主辦單位表達不同的意見。這讓Joy有些意外，也必須緊急處理食物的問題。

　　論壇的第三天下午，主辦單位貼心的安排了city tour，帶外賓們到附近的郊區走走，逛逛台北知名的廟宇與茶園。雖然，過程中大家玩得蠻愉快，但是結束之後，有幾位外賓表達有些失望，他們問Joy：「為什麼city tour帶我們去郊外？而不是到市中心（city），例

如知名的101大樓？」Joy一時答不上來，此時才瞭解，原來大家對同一個詞（city tour）的定義和內涵有不一樣的想法。下了遊覽車，天色已經暗了，外賓們陸續回去飯店休息。

看著他們離開的背影，Joy輕輕的吸了一口氣。打開手機，跳出一個新聞標題寫著「邁向國際化」，Joy心裡想：要做到「國際化」這簡短的三個字，需要多少人、事和時間一點一滴的累積。他不禁對自己說：「國際化還真的是一步一腳印。」

問題討論

◆ 請整理並分析Joy所遇到的困難？
◆ 在國際活動的籌劃過程中，應該注意什麼事項？

解析

　　今日對許多機構來說，辦理國際型活動已經是日益普遍的任務。在個案中，國際研討會的總召 Joy 所遇到的種種難題，都是在辦理國際性活動時經常會出現的狀況，包括：入境的手續（例如：簽證）、食物的選項、處理方式、費用的事前溝通與支給，以及旅遊的安排等等。在準備方面，需要採取三階段的規劃。

一、事前

（一）重要面向

　　法規、場地、經費、住宿、食物、交通、行銷宣傳、人力配置、沙盤演練等。

（二）注意事項

1. 仔細確認法規、提早瞭解相關的程序，以保留足夠的時間辦理文件及手續。
2. 瞭解參加者國家食物的習俗與禁忌。如果組織內部有該國的學生或員工，可以事先詢問，以得到確切的資訊。

3. 確認費用的額度，在與對方溝通時，需事先說明扣稅事宜，以及補助機票的艙等，以避免金額差距帶來的爭議。
4. 安排備選方案，例如：食物、旅遊安排等。

二、事中

（一）重要面向

接待組、器材組、食物與庶務、突發事件處理。

（二）注意事項

1. 注意人力資源的調度。
2. 報到的安排與動線規劃。
3. 確認講者抵達、餐點到位、現場拍照及錄影等事項。
4. 突發事件的相互通報與回應，例如：演講提早結束、講者臨時無法前來等。

三、事後

（一）重要面向

經費核銷、流程回顧、團隊慰勞、知識管理。

(二)注意事項

1. 確認所有經費之核銷。
2. 回顧流程,檢視並記錄下過程中的重要事件。
3. 對團隊在過程中的付出及努力給予慰勞。
4. 將主要的資料與文件存檔,作為後續辦理之參考。

　　國際活動的籌劃與辦理結合了多種國際能力與跨文化知能,是一項具挑戰性的工作。但正因為壓力不小,它是培養國際事務人才過程中很好的洗鍊與發揮的舞台。

相關概念

◆ 國際活動辦理
◆ 國際事務人才

個案 20
第三文化小孩

　　國彥是一位外交官員,他派外到G國,帶著太太和4歲的女兒小婍。過去六年,小婍在G國接受基礎教育。從小開始,國彥夫婦常在家裡教導女兒國語,並透過電視或網路的相關新聞,告知小婍台灣的文化,以及做人的道理。例如:忠孝仁愛、禮義廉恥等等。當女兒還小時,她總是安靜乖巧的聆聽,讓國彥感到很欣慰。

　　然而,隨著女兒在G國時間的增長,每當國彥夫婦談論自己在家鄉經歷過的習俗和信仰價值,小婍便開始有了不一樣的反應。她常常會說:「可是在G國不一樣啊。」她知道自己來自台灣,但當父母比較嚴厲的教導她:「在我們台灣社會裡是不可以這樣做的。」小婍會回答:「我又不是在台灣長大的。」國彥雖然有些生氣,但他無法否認,這的確是一個事實。

　　從4-10歲,女兒的房間裡都是在G國買的娃娃、故事書、兒歌CD、小學的課本、同學的照片、偶像團體等,這些都在過程中陪伴她成長。她有許多台灣和亞裔的朋友,大多也都是外交人員或派外

人員的子女,同樣是在G國長大。由於女兒成長的經驗和自己不一樣,國彥和太太對於如何教育小婍,以及她的未來發展,感到有些不確定。

> 問題討論
>
> ◆ 請引用相關理論概念,分析小婍的情況。
> ◆ 對於後續的發展,國彥夫婦及小綺應該注意些什麼?

解析

　　有些小孩在年紀很小的時候就隨著父母到異國生活，這樣的背景被稱為「第三文化小孩」（third cultural kid, TCK）。所謂第三文化來自於兩個文化的融合，第一個文化為父母原生的文化；在異鄉的文化為第二文化，由於小孩的成長既不是第一，也不是第二文化，而是融合了這二者，因此形成了第三文化。有這樣背景的成人即被稱為ATCK（adult TCK）。過去，外交人員的子女許多都是這樣的背景。而在今日，隨著全球移動的頻繁，有這樣成長經歷的人也愈來愈多。

　　根據研究，第三文化小孩的成長背景會帶給他們一些優勢和挑戰。在優勢方面，由於他們已經有異文化的經驗，對於新環境通常有比較強的適應力。相對的，在挑戰方面，有時會面對文化認同的困惑，尤其是年紀很小就出國的小孩，對於自己到底是屬於那一國人，歸屬於那一種文化，有時並不是這麼確定。以個案中小婍的例子，她知道自己是從台灣來，但是當她難過時，陪伴她的是G國娃娃，當她寫功課時，不由自主便哼起G國的兒歌。但在學校，當她覺得自己屬於G國文化，她的膚色外觀又很自然被歸為「外國人」。這樣左也不是、右也不是的情況，其實讓她常常感覺有些孤單。在社會認同方面，面對「你是那一個文化」的問題時，TCKs有時會呈現出難以回答的狀況。

随著人們國際移動的日益頻繁,具備TCK背景的人已不再是少數,當事人及家庭成員可以透過閱讀相關的書籍及資料,更有系統的瞭解這個歷程對個人的影響。一方面,善用它帶來的優勢,例如:移動力、適應力及跨文化力等。另一方面,也覺察其潛在的挑戰,例如:社會認同及歸屬的議題。藉由這樣的探索與認識,更理解自己在多重文化之間的定位。

相關概念

◆ 第三文化小孩

◆ 文化認同

實務個案及相關概念表

個案 1. 派外的起點	不安／不確定感管理 派外人員訓練
個案 2. 歡迎之後	文化智力 異文化適應曲線
個案 3. 民以食為天	跨文化適應
個案 4. 真是沒禮貌？	基本歸因誤差
個案 5. 洩氣的主管	Hofstede 文化模式 跨文化管理
個案 6. 楓城心事	高語境溝通 vs. 低語境溝通
個案 7. 準時下班	多元化管理 文化差異與衝突
個案 8. 點頭表示「好」？	非言語溝通 訓練方案的跨文化調整
個案 9. 健康的使命	基模的改變 投射的相似性
個案 10. 美麗的花瓶	跨文化溝通障礙 非言語的溝通
個案 11. 心的深秋	國際學生適應 U 型曲線
個案 12. 認知與行為	課堂中的文化差異 文化認知與行為
個案 13. 叫我 David 就好	權力距離 基模的轉換
個案 14. 你們決定吧	跨國組織變革 跨文化管理
個案 15. 顧問的難題	任務基礎 vs. 關係基礎 低語境 vs. 高語境
個案 16. 我很 Open-Minded	跨文化敏感度發展模式（DMIS）
個案 17. 異鄉的迷霧	文化價值差異 內外在文化力
個案 18. 剪刀、石頭、布	假設相似性 課堂中的文化差異

個案 19. 國際化的足印	國際活動辦理
	國際事務人才
個案 20. 第三文化小孩	第三文化小孩
	文化認同

第三篇　跨文化學習與能力發展

　　國際人才需要語言、專業及跨文化的能力。在語言及專業能力（例如：醫學、教育、工程）方面的培養，學校或民間機構已有行之多年的制度與標準。相對的，對於跨文化能力的培養，其相關的參考資料卻仍然有限。例如：如何進行跨文化學習？訓練方案應如何設計？派外人員與國內國際事務人員的需要有什麼差異？可以自我學習嗎？該如何來進行？這些問題都需要更多的討論與方向。在實務界，跨文化學習目前多採用非正式的經驗傳承，或是讓人員在工作中自我摸索與成長。如果組織希望進行系統性的方案規劃，可以參考的理論性架構還頗為缺乏。針對這樣的缺口，本篇即是以發展跨文化能力為焦點，分別說明訓練方案規劃及自我學習的設計。

　　跨文化能力是國際力的核心，它的發展可以從兩個面向來討論：「訓練方案」及「自我學習」。「訓練方案」是較為結構化的方式，透過事前的規劃，將必要的觀念以及行為的練習有系統的安排在一段時間之內。這讓有需求的學習者可以在有限時間內接觸到重要的知識及技能。但是，之後必須搭配工作上的應用才能保有訓練的效果。其次，「自我學習」是在日常生活經驗中時時汲取重要的事件，並從中獲

得啟發。這個方法看似最不結構化，但卻給當事人最大的自由度。如果運用得宜，是持續發展跨文化能力相當實用的方法。

　　本篇著重於跨文化能力的發展，適合組織中的訓練講師，以及有意願提升跨文化能力的個人。全篇共有十個章節，前面第十一至十九章包括：跨文化訓練規劃、派外人員跨文化訓練、國際事務人員跨文化訓練、訓練方案的跨文化調整、MARVEL：學習心理之應用、訓練課堂中的文化差異、跨文化訓練方法、自我學習與跨文化能力、腦心智科學與跨文化學習。最後，第二十章則以國際力的現在與未來作為全書的結語。

第十一章
跨文化訓練規劃

　　在國際人才的職能中,跨文化能力是核心的一環。不論是進行商業活動或海外援助合作,其工作地點常位於環境很不同的國家,而人員所面臨的不僅是工作上專業的問題,更大的挑戰往往來自於文化的差異以及生活的適應。這樣的需求突顯了事前準備與教育訓練的重要。針對教育訓練方案的規劃,本章首先說明一般性的設計原則,其次連結至跨文化訓練的方案規劃。

第一節　方案設計原則

　　在「人力資源發展」(human resource development, HRD)與成人學習(adult learning)的領域中,有許多學習方案設計的模型。其中,常被使用的是ADDIE模式(Branch, 2009;見圖11-1)。這個模式包括了五個步驟:分析(analysis)、設計(design)、發展(development)、執行(implementation)、評估(evaluation),以下分別說明。

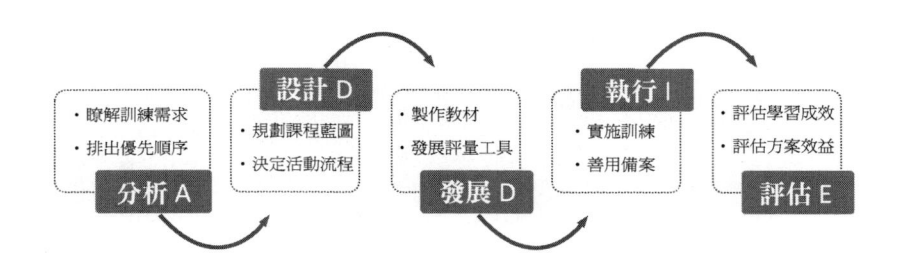

圖 11-1　訓練方案規劃 ADDIE 模式

一、分析

在規劃訓練的初期，先蒐集組織內的資訊，以確認訓練需求。資訊的內容包括：組織層（例如：組織對訓練是否支持、是否有相關的預算）、工作層（例如：工作需要那些技能）、個人層（例如：人員是否有足夠的能力完成任務）。在蒐集這三層資訊之後進行分析，並且排出訓練需求的優先順序。

二、設計

依據分析的結果，設計課程藍圖。包括：確立課程的目標、選擇訓練講師、課程方法、時間地點、活動流程，並且選擇評量的標準、工具與方法等。

三、發展

依據所規劃的訓練內容與流程，製作教材、教具，並且確認教學設備等。

四、執行

實際進行教育訓練的教學。為了使教學順利，也需要事先規劃備用方案，以便適時因應調整。例如：課堂討論可能比預期的長，講師可先構思那些部分可以予以簡化，縮短課程時間。相對的，討論也可能很快就結束，講師宜先準備補充的教材，以備不時之需。

五、評估

課程完成後則進行方案的評估。評估的內容可以分為：滿意度調查、學習的成效（長期與短期），以及方案執行對個人及組織的效益。

在規劃的過程中，ADDIE的五個步驟可以依序或是交錯使用。例如：在設計的階段，如果有資訊不足的情況，可以再回到分析。或者，在教材發展的階段如果發現流程有問題，仍可以回到上一個階段的設計進行修改。

ADDIE的流程有清楚的邏輯，但也需要有相當的人力投入。如果是大型的機構，一般大多有專責的人員來負責。但組織規模比較小的機構，可能沒有專責的單位或人力能夠進行ADDIE流程。此時，也可以善用機構平時就已經蒐集的資料，例如：人員績效紀錄、過去訓練的評估表等。如此，也能夠進行小型的分析，包括：組織層、工作層、個人層等，使教育訓練的規劃有更多實務的依據。

第二節　跨文化訓練方案規劃

跨文化訓練的方案設計除了運用ADDIE模式，另外，宜再依據跨文化的特性加入四項原則（圖11-2），分別為：一、納入權變理念（contingency theory）；二、考量訓練強度（training rigor）；三、配合跨文化學習歷程（cross-cultural learning process）；四、應用模組課程（modular curriculum）。

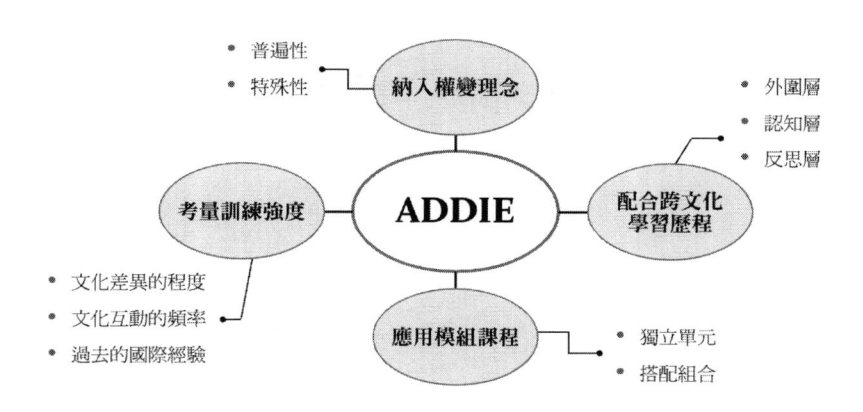

圖11-2　跨文化訓練方案規劃

一、納入權變理念

國際事務的工作內容會因為「任務」與「地點」的不同而有所差異，也因此，在國際人力的培訓上需納入「權變」的理念（Morrison, 2000）。它是指國際人力所需的能力一方面具有共同性，但另一方面

會因任務性質及國家地點的不同而有差異，在職能的訂定上分為「普遍性」（universal）及「特殊性」（idiosyncratic）。普遍性的能力是所有處理國際事務的人員都有需要，例如：開放心態、彈性、抗壓力等。而特殊性的能力，則是因應所要互動的文化及地區而決定，例如：瞭解回教國家的風俗及價值觀。

二、考量訓練強度

訓練強度是指訓練的密度與深入的程度（Black et al., 1992; Cullen & Parboteeah, 2014）。如果是訓練強度高，則學習時間較長，也需要較多的體驗模擬練習。不論是針對派外人員或是國內的國際事務工作者，訓練強度需考量的因素包括：（一）文化差異的程度；（二）文化互動的頻率；（三）過去的國際經驗。

對於文化差異大、互動頻率高的工作任務會需要較高的訓練強度。其詳細的規劃會在後續「派外人員跨文化訓練」及「國際事務人員跨文化訓練」兩章之中有更多的說明。

三、配合跨文化學習歷程

依據研究，跨文化的學習歷程可分為：外圍層、認知層、反思層（Chang, 2007）。如同在第四章中所提及，「外圍層」是屬文化的表層，可見到、可聽到。「認知層」是在認知層面將差異納入考量並進行工作及行為的調整。「反思層」是更深入的對個人習以為常的文化價值有所覺察及重新檢視。三個層次的學習並不是單向線性的進行，

而是相互交錯，協助個人能逐步適應新的環境與工作要求。因此，在規劃跨文化方案時，可依據每個層次的學習，搭配不同的主軸及內容。

四、應用模組課程

模組課程就如同積木，每一個模組可以自成一個單元，而結合起來也可以成為更完整的方案（Sakhieva et al., 2015）。為了因應權變的需要，宜將跨文化方案分為小單位，增加課程組合的彈性，使當事人可依本身的需求，修習必要的課程內容，並配合不同跨文化學習所需要的訓練強度，加以調配。

總之，方案設計人員可依據上述的四個原則，首先確認普遍性及特殊性的能力，其次瞭解跨文化的學習歷程，再依據國際工作者派外任務的地點與時間長短而決定訓練強度，最後，搭配模組課程的應用增加課程彈性及適用性。

第三節　訓練型式與方法

依據權變理念，國際能力可分為普遍性與特定性。配合這兩種類別，訓練的途徑也分為二種，普遍性的能力可以採用文化通識訓練（cultural-general）；而特殊性的部分則需採用文化特定訓練（cultural-specific; Chaney & Martin, 2014; Zakaria, 2000）。

一、文化通識訓練

對於跨文化互動時所需要的共通知識及技能，適合採用此類的訓練。它的目的在於增進參與者對文化的意識與覺察，以及對文化敏感度的整體提升。

二、文化特定訓練

這項途徑是用於強化當事人對特定區域文化的認識與熟悉，包括：認知面及行為面。這樣的訓練主要是鎖定一個或少數特定的文化，協助派外人員瞭解所欲前往文化的知識、語言、價值觀及行為等。

這兩種途徑在實務應用上各有長處。通識訓練可培養工作者對整體文化的認知。而文化特定訓練則有助於針對某一特定國家或地域的瞭解。組織須先區分人員的工作類別是屬於國際派外或是國內多元文化職場的工作，並且確認會接觸到的文化，以決定通識與特定兩種訓練方式的搭配。

訓練方法方面，需要與「訓練目標」相互配合。如果訓練目標是希望增加對文化背景資訊的瞭解，可採用的方法包括：閱讀、演講、地區簡報、影片觀賞等方式。如果訓練目標是受訓者能夠分析情境、診斷問題，進而選擇適當的行為，則可以採取參與式訓練（participative training）及情境式訓練（situational training），例如：個案討論、角色扮演。另外，經過適當的規劃，實地參訪及互動

也是增加體驗的訓練方式之一。原則上，愈是參與式的方式，愈重視讓學員有親身經歷的感受，以期增加記憶與體會。然而，它們所使用的時間也會較長。因此，在訓練方法的選擇上，需要考量方案的各項資源，包括：時間及目標等。

第四節　結語

跨文化訓練的規劃首先須釐清需求，再進入設計、教材發展、訓練實施，以及成效評鑑。另外，規劃中宜注意四項原則：納入權變理念、考量訓練強度、配合跨文化學習歷程，以及應用模組課程。而在訓練方法上，可結合通識型及特定型的途徑。再者，如果希望訓練能更有效，訓練內容需盡可能與實際工作結合，讓受訓者能將訓練內容應用到實際的工作之中，達到更好的訓練移轉。

第十二章
派外人員跨文化訓練

　　受到全球化影響,跨國的互動增加,而派外人員的人數也持續成長,所謂的「派外」是指人員受到組織的指派,必須前往其他國家工作一段時間。派外人員的訓練在組織中已經行之有年,主要是希望減少他們在海外面臨的困難以及工作任務的失敗。然而,訓練的完整性及系統性卻因組織不同而有頗大的差異。本章針對派外人員的需求,說明在訓練方案規劃時所應考慮的面向。

第一節　派外人員面臨的問題

　　隨著國際業務的發展,派外人員的角色日益重要,然而,在異地工作往往會遇到許多的挑戰,因此有些人形容自己的處境像是「探險者」、「外來者」,甚至是「難民」(Richardson & McKenna, 2002)。也有些被派往國外的工作人員感到事前組織並沒有給他們適當的準備,在執行業務的過程也常受到總公司的誤會或遺忘。其次,曾經有研究者以瑞典派駐香港的主管為對象,測試他們是否瞭解香港本地職員的工作價值。然而,研究發現這些瑞典主管只能正確的指出香港職員三分之一的工作價值觀(Selmer, 2000)。這項研究顯示了派外主管

要瞭解當地職員的文化背景其實並不容易,因而在工作上形成溝通的困難,可見相關的訓練方案有其必要性。

派外人員在異地往往會在工作、家庭及個人三方面出現困難,常見的議題如下。

一、工作層面

人員必須適應不同文化中的工作事務,例如:上司的管理風格、團隊成員、績效評量標準,以及職場文化及法規等。

二、家庭層面

對於有家庭的工作者,他們會去考慮家人是否同行。如果「是」,就必須更進一步思考在新環境中配偶與子女的適應、教育,以及在當地的社群網絡是否提供足夠的支持等。這些因素都會影響派外者是否能安心工作。

三、個人層面

派外人員個人的因素包括:語言能力、壓力承受度,以及生活及心理的調適等,這些因素影響當事人是否能夠因應新的環境與任務。

對於這些常見的議題,派外人員常會詢問有經驗的前輩來增加自己的準備。除此之外,由組織來提供跨文化訓練,也能協助人員瞭解

當地民情、文化與政治狀況，減少因為誤解所產生的衝突（Chang, 2005）。

第二節　派外人員訓練模組

一、訓練內容

依據派外人員常見的問題，訓練內容可歸納為六項。每個項目形成一個獨立的單元，再依組織與人員的需求，使用模組課程的理念，規劃成不同的組合。以下說明此六個單元的內容。

（一）特定國家資訊

內容包括：派外國家的地理、政治、社會、經濟、食衣住行、價值觀、禮儀等。在形式上可以採取比較法，將特定國家文化與自身文化的異同做一比較，並請資深人員分享經驗。

（二）文化與認知

由於文化會對個人的「認知」有根本的影響，包括了人們對外在資訊的選擇，看待世界的方式、對訊息的詮釋等；因此，此項訓練主要是協助學員瞭解文化所帶來的認知差異，進而理解不同文化對自身與他人的深遠影響。例如：不同文化的人民對於是否可把領導人的頭像印在商品上有不同的看法，如此的差異也曾引發過跨國之間的紛擾（BBC News 中文，2017）。

（三）文化與溝通

文化也左右人們的溝通行為，因此文化與溝通的訓練涵蓋了溝通模式、非言語溝通（例如：肢體語言、對時間的觀念），以及文化對溝通行為的影響。

（四）異文化調適

異文化的調適往往從出國前就已經開始，此訓練主要是協助派外者瞭解調適的過程、影響適應的因素、情緒與壓力的議題等。除了當事人之外，如果派外者會帶家人一同前往，則家人的適應也是一個重要的環節，可由資深者提供相關實例，減少疑慮與後顧之憂。

（五）文化差異與衝突

跨文化的差異所帶來的衝突是派外人員及國際事務工作者常面臨的挑戰。此訓練的目的在於協助人員認識衝突發生的原因、時程、處理之策略、過程中的壓力管理等。除了理念的瞭解，在訓練之前，應事先蒐集實例，於課堂上分組個案討論，最後再給予回饋。

（六）文化互動體驗

本訓練的目的是透過實際的接觸，增加體驗與演練的機會，包括：實際與該國人士互動、參加與該文化相關的活動或實地參訪。

二、模組安排考量因素

以此六單元為基礎,依照國際派外人員「文化差異」、「派外時間」,以及「互動程度」三個因素的情況來決定「訓練強度」。並依照所需的訓練強度來調配各單元,以形成不同的課程模組。當派外的文化差異大、時間長、互動程度高,則需要高訓練強度的模組,此時可依所能取得的教學資源盡量安排六個單元的訓練。相對的,如果派外文化同質性高、時間短、互動程度低,則可依工作任務僅挑選需要的單元來搭配。

在文化差異方面,一般文獻中常以「文化距離」（cultural distance）一詞來代表（Shenkar, 2001; Yang et al., 2019）。然而,由於文化的範圍很廣,因此文化距離到底是大還是小,並沒有標準的答案,雖然在實務上常會把地理距離當作文化差異的參考值,但不是唯一的標準。在判斷上,除了可以依照地理距離,也可以參考文化間比較研究的數據（Hofstede, 2001）,另外也應納入經驗人士的判斷,請曾派駐當地的人員們給予評估,綜合看法後決定文化差異的程度,作為模組安排之依據。

在派外時間方面,國際性的任務有些只是短期的停留,有的是超過三個月以上中長期的駐外赴任,任職時間愈長,對異文化的認識需求愈高,訓練強度也隨之提高（Cullen & Parboteeah, 2014）。

在互動程度方面,如果工作中需與異文化人員頻繁的溝通與交流,則有必要更瞭解當地的風俗與文化；相對的,如果是單純技術性的工作（例如：電腦操作、機具維修）,與當地人互動低,其文化因

素對工作的影響相對會較少。

　　藉由以上三個考量因素,可以列出不同等第的訓練強度(如圖12-1),用以安排課程模組。另外,學員之前的國際經驗,包括:出國次數、任務、總長度、受過的訓練等資訊也都需要蒐集及瞭解,可幫助課程的安排更適合參訓者的程度與需要。

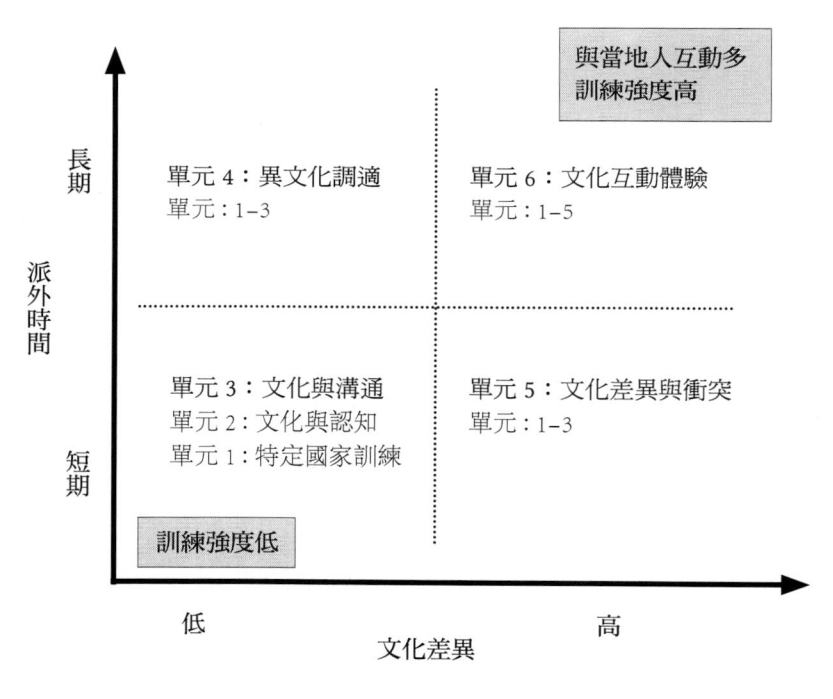

派外時間（長期／短期）／文化差異（低／高）

- 與當地人互動多 訓練強度高
- 單元 4：異文化調適　單元：1–3
- 單元 6：文化互動體驗　單元：1–5
- 單元 3：文化與溝通　單元 2：文化與認知　單元 1：特定國家訓練
- 單元 5：文化差異與衝突　單元：1–3
- 訓練強度低

圖12-1　派外人員訓練模組

三、訓練方法

跨文化訓練的方式約可分為兩大類：傳統授課式訓練及體驗式訓練。前者強調資訊的給予與知識的建立，而後者則重視在訓練中模擬真實的生活與情境，以取得最實際的練習。曾有研究者以226位跨國公司在奈及利亞的派外人員為對象，探討跨文化訓練類型與海外調適的關係（Okpara & Kabongo, 2011）。其研究結果發現不論是一般性、特定性、授課型或體驗型，都對派外人員的調適有所助益。其中，又以特定國家的體驗性訓練方式效果最高。然而，研究也發現，不論那一種訓練方式對一般調適、工作調適、互動調適等皆有助益，但對於心理調適的效果都比較有限，這一點值得訓練規劃者關注，多瞭解當事人的需求。

在實際的教學中，使用的訓練方法需與目標相互搭配。其目標包括了資訊分享、提高覺察、協助決策、建立互動力。不同的目標有其相對應的訓練方法（見圖12-2）。

（一）目標：資訊分享

1. 內容：認識派駐國的背景，以及業務運作的基本資訊
2. 方法：授課、影片、閱讀、有經驗者分享等。

（二）目標：提高覺察

1. 內容：增加對文化的意識，瞭解文化對個人的影響
2. 方法：概念講解、反思練習、問卷檢測等。

文化的異質性高／派外的時間長／與當地人交流的需求高

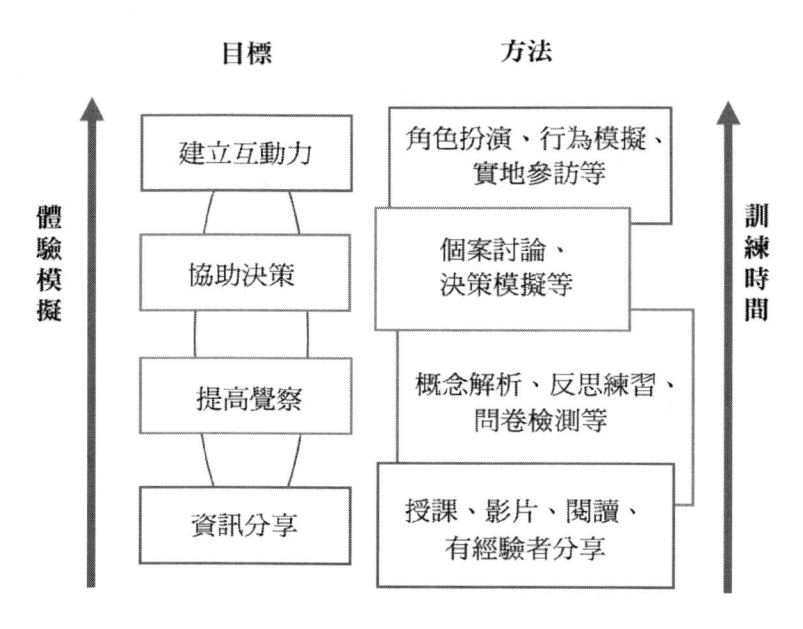

目標	方法
建立互動力	角色扮演、行為模擬、實地參訪等
協助決策	個案討論、決策模擬等
提高覺察	概念解析、反思練習、問卷檢測等
資訊分享	授課、影片、閱讀、有經驗者分享

體驗模擬 ↑　　訓練時間 ↑

文化的同質性高／派外的時間短／與當地人交流的需求低

圖12-2　跨文化訓練目標與方法

(三)目標：協助決策

1. 內容：增加對派駐國文化的認知，以減少誤判。
2. 方法：個案討論、決策模擬等。

（四）目標：建立互動力

1. 內容：建立實際互動的能力，增加熟練度。
2. 方法：角色扮演、行為模擬、實地參訪等。

配合訓練目標，各種方法可以彈性交錯使用，協助受訓者在跨文化差異及衝突出現時，增加理解及情緒調控，並能應用所習得之行為促進溝通的效能。

四、訓練成效評估

在成效的評估方面，跨文化訓練的成功與否涉及了許多因素，包括：家庭狀況、個人生活經驗等。其訓練成果可能是立即的、明顯的；但也可能是間接的、隱性的或者長期的。目前常用的評估模式包括了四個層級（Kirpatrick & Kirpatrick, 2006）：（一）方案滿意度；（二）訓練後的學習結果；（三）應用在工作中的程度與表現；（四）對組織所帶來的效益。

前面二個層級最為常用，一般是在方案結束後立即進行。而第三層次因為是評估在工作中的應用，通常會在方案結束後3–6個月透過觀察、訪問、自我評估、主管評估等方式進行。其次，在跨文化訓練進行時，採用前測與後測（pre-post training evaluation）也是常見的方法（Sit et al., 2017）。

在跨文化訓練成效評估方面有一點值得注意，當受訓地點與工作地點是在不同的國家時，所學的知識與技能應用在另一個文化中，其

成效會受到當地環境的影響,例如:派駐國家的機器設備、科技程度、配合單位的效率、團隊的支援等因素都會對績效產生影響(Zakaria, 2000)。因此,在評估行前訓練的成效時,必須將派外人員到達當地後所得到的條件及支援列入考量,調整衡量的標準,這樣可以減少總部、各分支機構之間因為期望落差造成的誤解及衝突。

第三節　國際經驗的運用

為了提高人員的國際視野或跨文化能力,許多機構會把人員送出國一段時間,例如:海外參訪、短期進修等,以期增加「國際經驗」。研究發現國際經驗有助提升動機,引領他們發展跨文化管理所需的技巧。雖然文化衝擊會帶來挑戰,但卻也激發出學習的動力(Yamazaki & Kayes, 2004),促進人員的磨練與改變。而Cavusgil等人(2017)也提到國外的常駐沉浸(long-term immersion)是提升國際能力的方法之一。換言之,在實務及理論上,增加國際經驗普遍被認定為培養跨文化能力的方法之一。

然而,值得注意的是,國際經驗雖然能帶來人員的改變,但它的成效會因為「涉入當地文化的程度」而有所增減(Chang et al., 2013)。例如:相較於短期出國旅遊及遊學,出國工作或攻讀學位的族群呈現出較好的跨文化適應能力。一方面是因為在當地的時間長;另一方面也因為在工作及攻讀學位的過程中,在異文化中有較深的涉入及沉浸。當遇到不如意或意見相左的情況,無法像遊客般輕易的離

開，而是必須想辦法面對及處理。而在這個過程中，「基模」的調整就會啟動引發較深層的改變。同樣的，近期的研究也發現，單純只是將個人送往海外，無論機構如何準備和支持，都不能保證能發展個人多元文化的態度和思維認知的架構（Lokkesmoe et al., 2016）。也因此，如果希望透過出國來增加國際經驗，進而提升跨文化能力，其出國的任務需有適當的規劃，並有反饋及輔導機制，如此才較能達到期望的效果。

第四節　結語

國際移動與相關能力的發展息息相關，因此在規劃訓練時，需要先瞭解移動的目的、時間，以及工作性質，如此，才能使訓練盡可能的「切中要害」。在派外人員的跨文化訓練方面，組織宜先整理機構內派外人員常見問題及困難，以進行需求的調查。其次，依據文化差異、派外時間，以及互動程度等因素來確認需求，以決定模組的搭配。再者，依據訓練所需的強度來選擇適合的教學方法。最後，由於派外工作與當地環境密不可分，如果能再與當地的在職訓練接軌，將有助派外人員持續調整跨文化能力，以更貼近在地的應用。

第十三章
國際事務人員跨文化訓練

國際事務人員是指在自己國家內國際化職場的工作人員，他們處理國際性業務，並且需要與不同文化背景的人互動。本章將討論這群工作者的跨文化訓練。

第一節　國際事務人員

隨著職場的全球化，除了派外人員，也有許多人身處國內但卻處理國際相關事務，或需經常與外籍人士互動。這樣的工作存在於各行各業之中。在公務體系中，有些機構與國際事務關係緊密，例如：外交、移民。另外，也有些單位負責辦理國際性的活動，例如：世界運動會、國際花藝博覽會等，這些事務皆需要具備國際視野的公務人員。

在學校單位，校園的國際化也提高了教職人員在國際能力方面的需求，不論是國際事務處、教務處、學務處、輔導室、總務處等處室都有需要提升語言及跨文化輔導的能力，以因應師生的需求。

再者，許多專業領域的人員也面對來自不同國家的族群，以及日益多元的服務對象，包括：醫生、護理師、社工師、諮商師等協助外籍人士的團隊，也需要具備跨文化的認知與實務能力（Pietrantoni & Glance, 2019; Vera & Speight, 2003）。

對國際事務工作者而言，跨文化能力與工作表現有著緊密的關聯，它是影響工作成效的關鍵因素之一。然而，從「組織」的角度，由於這些人員並沒有出國，因此常被視為如同一般的國內工作者，使得在職場裡所遭遇的文化衝擊及調適問題容易受到忽略。從「個人」的角度，由於人員仍處於自己生長的國家文化裡，對於要進行跨文化調適的迫切感較不明顯。尤其是處在自己熟悉的生活圈，原本既有的支援系統都還存在，因此，對於文化差異所帶來的衝擊可能被其他事務所掩蓋。身處國內的國際工作者，不用像派外人員一樣因國家環境改變而經歷身心的衝擊，但也可能因此忽略了跨文化學習的重要性。

第二節　國際事務人員面臨的問題

　　國際事務人員雖然人在國內，但是卻處在國際性多文化的工作職場之中，仍面對跨文化的挑戰，包括：隱性的文化衝擊、學習方案不足，以及其他單位的配合度的問題。

一、隱性的文化衝擊

　　當異文化相會，文化碰撞是雙方面的。然而，處在國內的一方，其所受到的衝擊較不易被察覺。例如：當班級中有國際與本國學生時，人們會想到國際學生的跨文化適應，但卻常忽略了本國生在多元文化的環境中也同樣在面對衝擊及調適。

　　同樣的，國際事務的人員，由於工作的地點在自己的國家內，

「異文化衝擊」的呈現往往不如派外任務來得明顯。人們在工作中雖看到文化，但不一定對「衝擊」有所意識。因此，當國際性業務出現困難時，在尋求解決策略時容易會忽略這個面向。相對的，也就無法從中獲得學習，發展相對應的能力。

二、學習方案不足

國際事務人員常會面對跨文化學習資源不足的問題，主要來自於二個原因。第一，由於國際事務工作者並未離開自己生長的國家，因此，不論組織或個人，不一定感受到跨文化訓練的必要性。第二，在許多組織中，國際事務的人員只是一小部分，沒有足夠的人力進行系統性的方案規劃，即使辦理了，接受此類教育訓練的人數也較少，因此在成本效益上會有所考量。由於這些原因，使得組織中的國際事務人員不一定有機會參與訓練，而對於相關學習資源的取得也相對有限。

三、其他單位的配合度

服務國際人士的工作，除了專責的部門之外，也需要其他部門的同仁共同投入。例如：在大學，國際事務處是學校負責國際師生的主要單位，但外籍師生的事務還包括了教務、住宿、人事等管理單位，需要相互配合。而在企業中，即使有國際部負責外籍客戶的訂單，但出貨及售後服務仍會涉及物流、主計、工程等部門，需要合作才能順利完成工作。然而，在整個流程中，每個人對國際化會有不同的態度。有些人會積極運用資源促進溝通、有些人則抱持多一事不如少一事的

想法，希望交由外語好的同事去處理。這些情況都常導致國際事務人員負荷增加，以及情緒的壓力。

國際事務人員雖然身處在國內，但這些日常工作中的問題顯示，相關的訓練仍有其必要性，以期協助人員瞭解如何處理文化差異所帶來的各項挑戰。

第三節　國際事務人員訓練模組

一、訓練內容

國際事務人員與派外人員主要的不同在於，他們並不是親自前往特定的國家，而是在本國的崗位上即要面對許多不同國籍與文化背景的對象，因此在跨文化訓練上需要著重於文化互動的概念與能力，其主要內容可包括六個單元。

（一）特定知識訓練

特定知識包括：外籍人士來台及留台的法規、社會資源、支援系統，以及外籍人士的文化等。

（二）文化與認知

瞭解文化對認知的影響，並且強化對文化本位主義或偏見的覺察。

（三）文化與溝通

協助工作者瞭解溝通的過程、元素,以及促進有效溝通的方法。

(四)異文化調適

此單元有二個目的。一方面,協助人員瞭解異文化調適的過程,以期有能力協助國際人士。另一方面,也認知自己在工作中所面臨的異文化衝擊,包括:發生的原因、處理方法,以及調適過程等。

(五)文化差異與衝突

說明跨文化衝突發生的原因、時程、案例,以及解決途徑。

(六)文化互動體驗

透過實習、參訪、實際交流的機會鍛鍊互動能力。

二、訓練模組

國際事務人員的跨文化訓練可依循「互動頻率」及「文化多元性」兩個因素做模組的安排:

(一)互動頻率:在日常工作中與國際人士互動的次數。從頻繁(例如:每天)到偶爾(例如:一週1次)。

(二)文化多元性:在國際互動中接觸到的文化數,有些工作是針對單一特定文化;而有些工作則是多種國家的外籍人士都可能會接觸到。

根據這兩個因素的高低及多寡可以安排出四個象限及模組:

（一）偶爾及單一文化：模組A，內容涵蓋特定知識訓練、文化與溝通。
（二）偶爾及多國文化：模組B，內容為模組A再加入「文化與認知」、「差異與衝突」。
（三）頻繁及單一文化：模組C，內容為模組A再加入「文化與認知」、「異文化調適」。
（四）頻繁及多國文化：涵蓋所有六個單元。

三、訓練目標與方法

在訓練途徑方面，如果服務的對象來自單一或少數文化，則可採用「特定性」訓練，將講授與演練的範圍限縮在主要互動的文化類別。如果是面對多種文化，則可採一般性訓練。在型式方面，授課與體驗皆可以併用。前者可以在短時間內傳達較大量的訊息，而後者則有助於能力的演練。尤其是可透過「個案學習」模擬實際情境的問題與判斷，藉由個別事例的練習來累積經驗。

針對已經具有實戰經驗的工作者，個案的來源可以由參訓學員的真實事件中來蒐集，包括：發生了什麼事、採取了什麼行動、行動之後的結果，以及後續的建議。以真實的案例為基礎，再依據受訓者的職場環境，進行內容的增減或情境的調整。在瞭解案例後，先開放討論並由學員分享看法，之後再由講師或當事者說明真實案例中的行動與結果，將個案加以收斂，如此，一方面保留思考與討論的空間，另一方面也避免個案練習流於各說各話的空泛之談。圖13-1呈現國際事

務人員的跨文化訓練規劃,包括:模組及訓練強度。

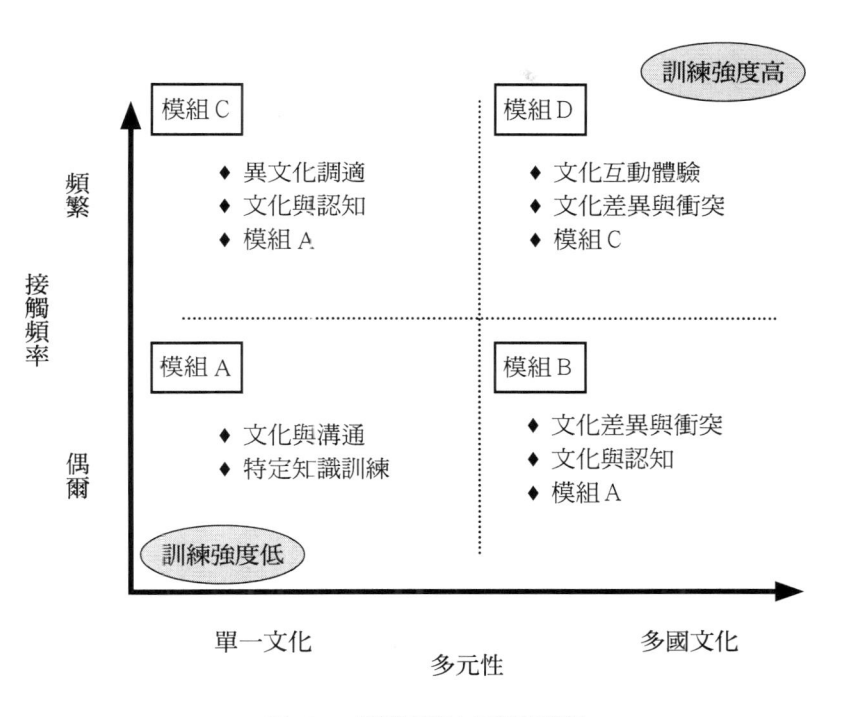

```
                                              訓練強度高
         ┌─────────────┐      ┌─────────────┐
         │   模組 C     │      │   模組 D     │
         └─────────────┘      └─────────────┘
頻
繁        ◆ 異文化調適         ◆ 文化互動體驗
         ◆ 文化與認知         ◆ 文化差異與衝突
         ◆ 模組 A             ◆ 模組 C
接
觸
頻        ┌─────────────┐      ┌─────────────┐
率        │   模組 A     │      │   模組 B     │
         └─────────────┘      └─────────────┘

         ◆ 文化與溝通         ◆ 文化差異與衝突
偶        ◆ 特定知識訓練       ◆ 文化與認知
爾                            ◆ 模組 A

     訓練強度低

         單一文化                          多國文化
                       多元性
```

圖13-1　國際事務人員訓練模組

四、層次的訓練目標

在方案設計中,訓練方法的選擇涉及到「目標」及「時間」的因素。在訓練目標方面,可以分為認知型(cognitive)及應用型

（application; Milano & Ullius, 1998），從認知到應用之間可分為三個層次的目標。

（一）知道：關於什麼（about）

學員知道一個概念的內涵。例如，瞭解文化衝擊的定義與過程，並且可以寫出來。

（二）知道：關於要如何做（about how to）

學員在概念上知道要如何進行一項行為。例如：在國際學生遭遇文化衝擊及心情沮喪時，他（她）知道該採取什麼行為，並且將行為步驟寫出來或說出來。

（三）做到：實際做出來（how to）

學員能展現出學習到的行為。例如：在國際學生遭遇文化衝擊及心情沮喪時，他（她）能做出實際該採取的行動。這個層次的目標提供實際演練的機會，但也需花費最多的時間。

許多訓練都期望能達到應用型的目標，但應用型會花費較長的時間，而對組織而言，時間往往是很有限的資源。因此在選擇訓練方法時，需要顧及「目標」及「時間」之間的平衡。

第四節　訓練移轉

辦理訓練的目的是希望參訓的人員可以將所學應用到工作之中，也就是訓練的移轉。有鑑於許多組織投資龐大經費資源於訓練方案之中但卻不見成效，多年以來，研究者致力希望找到與訓練移轉相關的因素。由鮑德溫（Timothy T. Baldwin）和福特（J. Kevin Ford）兩位學者所提出的訓練移轉模型至今仍經常被引用（Baldwin & Ford, 1988），其模式指出影響訓練是否能有效被運用的因素有三項：受訓者特性、訓練設計，以及工作環境。

以此為基礎，Lim（2000）探討在國際環境中有助於訓練成果移轉的因素，由實證的資料列出了三個因素：訓練內容、使用多種方法，以及反覆的練習。之後，Burke 與 Hutchins（2007, 2008）再檢視歷年的研究，並且蒐集美國訓練與發展協會（American Society for Training & Development, ASTD）成員的意見，歸納出專業實務人員認為最有幫助的因素。其中，工作環境（work environment; 49%）與訓練設計與發展（design and development; 46%）被選為第一、二名。

在人員的影響方面，以講師（48%）及主管（25%）的支持被列為最主要。而受訓者（23%）本身也被視為是重要因素。幾年之後，Grossman 與 Salas（2011）檢視過往的研究文獻之後指出：工作環境、訓練設計，以及學員等被列為是關鍵的三因素。基於這些整理，可以歸納出五個對跨文化訓練移轉的重要面向：

一、與工作環境的連結性：實際應用的機會、後續的檢核等。
二、訓練的設計：行為塑造、擬真的訓練環境等。
三、學員的因素：認知、個性、動機、自我效能、是否認為訓練對他們是有用的等。
四、講師的教學：多重方法、目標層次的設定、文化敏感度等。
五、主管的支持：鼓勵應用的氛圍、協助化解應用的障礙。

這些因素需要依著組織的特性（例如：規模、結構）以及訓練的性質來做調整。在跨文化學習的方案中，如果訓練學員是來自於不同的文化背景，講師在應用訓練方法時便需要具有敏感度。例如：一般訓練常用的「分組活動」，如果運用得當，可以促進文化群體之間的瞭解，然而，如果沒有適當的設計，它有時卻可能造成學員之間的分歧，或形成排擠與孤立，反而無法達到融合的效果（Chang, 2010）。因此，講師本身的文化敏感度會影響訓練的設計。而主管的支持及跨文化能力也會有助於工作環境中的連結，讓它與組織的策略方向結合（Burke & Hutchins, 2008），促進訓練之後的成效。近期，學者也提出動態的移轉模式（dynamic transfer model; Blume et al., 2019），強調訓練的移轉是一個動態的過程，會受到初期的應用經驗，以及個人與環境脈絡交互作用的影響。

第五節　結語

　　國際事務人員的工作需要接觸多重文化，難免也會有文化衝擊及衝突。然而，因為身處國內，其訓練的需求有時會被組織或個人忽略，但如果仔細檢視其工作內容，他們經常必須處理文化之間的差異，以及自己本身心理的調整，因此，相關的學習仍有其必要。在學習方案的設計上，首先可依與異文化「互動頻率」以及「多元性」來進行分析，決定模組的安排。並依訓練的「目的」以及希望達到的「層次」來選擇訓練「方法」。另外，也在事先將影響訓練移轉的因素納入考量，將組織在跨文化方面的目標與策略連結到工作環境中的職務設計，並搭配人力制度，例如：輪調、師徒制等做法，使訓練的內容切合實際所需，並且能促進訓練的移轉，以發揮較大的成本效益。

第十四章
訓練方案的跨文化調整

　　隨著全球化時代的發展，許多跨國機構或公司會將總部所發展的訓練方案應用到不同國家的分支機構，期望能在世界各地都提升人力的素質。或者，有些機構直接引進在國外行之有年的教育訓練，在本地招生實施。然而，當這些訓練方案離開原來發展的文化，是否也需要跨文化的調整？

　　在實務界，當「個人」離開自己國家進入另一個文化，我們會關注他們的文化調適，一方面，考量其工作的表現；另一方面，從人力資源的角度也顧及人員身心的安適。但當「訓練方案」離開本身的國家進入另一個文化時，其實也需要進行調整。因為當訓練方案被引進到其他國家，在異文化中的執行者與參與者會對訓練有不同的認知，並且帶來不同的成果。例如：Osman-Gani（2000）蒐集了501位美國、德國、日本、韓國、新加坡派外人員的問卷，發現來自不同國家的管理人對於訓練型態，以及何謂適當的訓練方法均有不同的看法。這樣的研究證明人員的文化背景、企業文化和個別的態度，都會影響他們對於訓練課程的觀點與意見（van Reine & Trompenaars, 2000）。

　　換言之，當跨國機構把總部所設計的訓練課程移植到另一個國家時，在地的文化會對訓練方案產生影響，在這樣的情況下，該如何確保訓練在各國都有類似的成效呢？在研究中，相較於「個人」的調

適,「訓練方案」跨文化調整的議題較少受到討論,相關的參考資料也相對缺乏。

有鑑於此,本章將分三個部分來討論此一議題。首先,先說明跨國組織進行全球經營時所採取的策略。其次,訓練方案海外移植常用的策略。第三,提供一個訓練方案跨文化適應的實際案例。

第一節　跨國組織全球經營之策略

隨著全球經濟活動的發達,跨國公司已經在許多社會中成為在地生活的一部分。例如:速食店、咖啡、甜甜圈等都有國際的品牌。這些國際企業在進入不同國家市場時,會採取三種策略來爭取當地的市場。這些策略包括:全球標準化、本土在地化、全球在地化(Luigi & Simona, 2010)。

一、全球標準化

面對不同的國家與市場,組織在商品及技術等方面採取整合的作法,提供全球統一的、標準化的產品,並且以同樣的方式在各地銷售(Cateora et al., 2020; Levitt, 1983)。
(一)優勢:大量生產降低成本、標準化品牌識別度高、給客戶可靠的印象,並且建立忠誠度。
(二)限制:未考量當地社經狀況或文化特色,在地需求未被考慮,因此與當地消費者的連結度較低。

二、本土在地化

重視國家的個別差異，針對全球市場提供廣泛多樣的客製化產品和服務，使其適應特定的文化、語言，以滿足當地獨特的需求。

（一）優勢：考慮在地需求、進行客製化、產品具有區別性，因此與當地的連結性高。

（二）限制：成本較高、市場較小。

三、全球在地化

將「全球標準化」與「本土在地化」兩者交互應用，以全球化的服務為架構（品牌、創意、產品等），同時將標準化的一部分元素在地化。

（一）優勢：結合「普遍性」和「特殊性」的作法，同時強調全球性的理念和特殊性的細節。具備較高的地方敏感性，客戶覺得這個品牌與他們相關。

（二）限制：需要兼顧全球及在地的專業、知識和資訊等。

圖14-1呈現了這三種策略的差別。目前，許多跨國企業在做全球化經營時，也更注意根據地方的特色對產品或管理做出調整。例如：在美國的麥當勞叔叔（Ronald McDonald）是張開雙臂，相對的在泰國則是合掌以因應當地的風俗。另外，可口可樂（Coca-Cola）在各國與當地的飲料品牌結合，發展出差異化的口味，深化在地的經營（Quelch, 2003）。

全球標準化　　　　　本土在地化　　　　　全球在地化

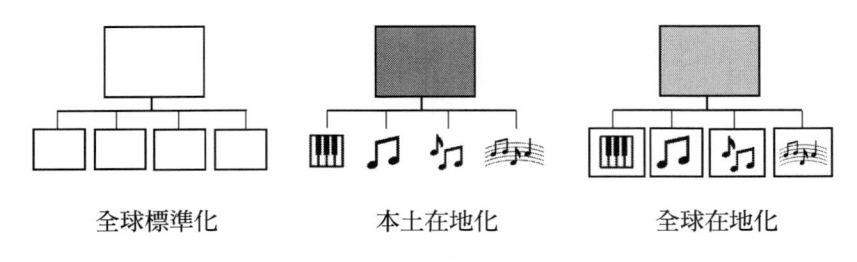

圖14-1　全球經營之策略

　　Matusitz（2011）也以迪士尼（The Walt Disney Company）在香港的經營為例，說明全球本土化策略的應用。香港迪士尼樂園於2005年開業，初期績效並不理想。迪士尼的管理人員試著去瞭解當地的環境與文化，並採取四項主要的改變：（一）降低價格，使當地人更能負擔；（二）適應當地遊客的旅遊習慣，例如：有空間容納大團體的聚餐；（三）改變裝飾和布景的變化，例如：增加「風水」和「氣」的概念在設計之中；（四）工作習慣的調整，例如：在美國很重視對客人微笑的作法，也依香港的民情做了修正。自從進行了調整之後，香港迪士尼樂園的來客和收入都有所增長，成為一個全球品牌實踐在地化的例子。

第二節　訓練方案的海外移植

　　針對訓練方案，跨國組織經常有分支機構分散在各國，總公司與各國分支機構的訓練方案，一般有三種安排的方式：中央集權、地方分權、雙軌並行。

一、中央集權：全球標準化

採取全球標準化的作法，將統一規格的訓練方案傳送到各地執行，員工不論身處在何處都能夠得到同樣的課程，獲得類似的訓練效果。如此，可確保總部的組織文化、價值，或對人員能力的要求能夠傳達到世界各地的分支機構。而它所面對的限制則是各地的文化不同、學員不同、運作方式可能也差異很大，因此中央統一規格的執行不一定能適合當地的學員，故會影響訓練的成果。

二、地方分權：本土在地化

採取本土在地化的作法，把訓練的規劃交由分支機構的人資部門或訓練單位來統籌，以期所規劃的方案能符合當地的文化與民情，提高接收度與學習效果。它較能貼近當地的文化與學員的學習方式。然而，由於各地採行的內容或型式不同，導致總部的理念，或訓練的核心內容不易統一的被傳達到所有的分支機構。

三、雙軌併行：全球在地化

基於上述兩種方式的優缺點，有跨國訓練機構雙軌併行，採取中央集權與地方分權的做法，結合了「標準化」及「在地化」的特性，使訓練能兼具兩種方式的優勢。這樣的設計如同兒童繪畫本，一方面已經有印好的圖案（標準化），但圖案的顏色則是留白，讓每個使用者能依自己的喜好及需求，畫上喜歡及合適的色彩（在地化）。

第三節　實例：多國訓練方案設計（multinational training programs）

以下舉一項多國訓練方案的實例，說明雙軌並行的運用。

此項訓練原創於美國，已在全球超過七十多個國家實施過。研究者選取美國及台灣兩個實施的地點相互比較，主要的目的是希望瞭解：在「標準化」設計的前提下，美國與台灣的教育訓練者如何讓本訓練在不同的文化脈絡中實施，但卻達到類似的學習成果（Chang, 2004）。

研究發現此訓練方案能夠順利實施於不同的文化之中，主要的原因是它的規劃並不是只靠單一途徑，相反的，它依靠著「統籌性計畫」與「地方本土化」兩種作法並行。一方面，為了使各國有類似的成效，在設計時以標準化的結構為基礎，但因為標準化不足以涵蓋各地學員的差異，因此，在另一方面，此訓練在設計中採取了「留白」的策略，增加當地訓練者因地制宜的空間，也增加了訓練方案適應各國文化的彈性。

雙軌並行的作法分別呈現在與方案相關的四個面向：學習設計、教學策略、講師訓練、教材語言（Chang, 2004, 2009）。

一、學習設計

（一）標準化

訓練採用統一的教科書及標準化的單元設計，而且活動練習的項

目及工作單都已經是事先設計好。其基本的理念就是,不論你在那一個國家上課,只要你進入課堂就可以知道講師在上那一個單元。

(二) 在地化

　　活動雖然是統一的,但它要求學員在自己的工作及生活中去實踐,將成果帶回課堂分享,因此,透過在地學員將訓練與自己的生活結合,如此,其課程自然被應用在當地的生活脈絡中,並藉由反饋把當地文化納入課堂分享的一部分。

二、教學策略

(一) 標準化

　　課程順序、活動內容皆統一遵循教學手冊。學員於世界各地也都使用同樣的教材。

(二) 在地化

　　講師會因應學員背景調整教學方法。例如:活動的設計是鼓勵學員自願發言,在美國這樣的方法可行;但在台灣,本地的講師發現有時自願舉手的不多,但如果改採輪流的方式,大家也都願意發言。

三、講師訓練

(一) 標準化

　　美國與台灣的教育訓練講師,接受相同的訓練課程,且總受訓週數在20週以上。

(二)在地化

招募當地人擔任講師,由於講師本身就具備在地文化,因此會在標準化課程與當地學員之間扮演橋梁的角色,更瞭解當地學員的需求以及互動方式。

四、教材語言

(一)標準化

全球使用同樣的教材與學員手冊。

(二)在地化

在台灣,以中文教學,並且把教材全部轉換為中文。讓在地學員可以用母語受訓,並且用自己熟悉的語言表達經驗及感受。

表14-1列出此訓練在四個面向的作法,透過標準化及在地化的整合,幫助方案能夠進入另一個文化,在當地實施。

表14-1 「標準化」與「在地化」之方案規劃

方案規劃	標準化	在地化
學習設計	標準化課程	學員將課程應用在生活脈絡中
教學策略	遵循教學手冊	教學方法中包含當地文化
講師訓練	標準化的訓練課程	請本地人擔任講師
教材語言	使用一致的教科書	以中文教學、轉成中文教材

資料來源:Chang(2004, 2009)。

在實務的運用上，教育訓練人員在設計多國方案時，可鼓勵講師利用與本地文化相關的故事與實例做為輔助教材。在學員的活動設計上，提供學員機會將課堂所學運用到日常生活之中，使他們能在自己的文化脈絡中體會、修正課堂所學的知識。再者，講師可把當地學員視為教育資源的一部分。雖然課程的內容來自他國文化，但是，成員藉著與具有相同國家背景的講師及同學交流、討論，彼此可以相互學習。最後，在講師的培訓上，應多招募本地人員，減少講師與學員之間因文化差異造成的溝通困難或誤會。

第四節　結語

訓練方案在移植到不同國家實施時，也需要跨文化的調適。對組織內的主管及從事人力資源發展的人員，現有的文化理論雖然可以提供某一國家文化的背景資料，但不足以做為預測當地學員特性的指標。因此，在設計多國的訓練方案時，訓練規劃者一方面可採取標準化課程，以期在不同地區的學員能達到同樣的學習成效；但另一方面，在方案設計中，也需採取「留白」的策略，以增加教育方案適應各國文化的彈性與空間。

第十五章
MARVEL：學習心理之應用

　　訓練設計是組織人力資源發展的重要面向。目前，訓練設計中的ADDIE模式受到許多組織的採用，它強調線性步驟，包括：分析（analysis）、設計（design）、發展（development）、執行（implementation）、評估（evaluation）等五項工作。這套模式提供了清楚的流程指引，讓組織及設計者有明確的遵循準則。

　　然而，在設計訓練時，僅有流程的導引其實並不足夠，除了使用ADDIE模式，如果能夠搭配MARVEL原則，將會使訓練設計更符合學習的原理。所謂MARVEL是以學習心理學為基礎所歸納出的六項原則，包括：一、動機（motivation）；二、連結（association）；三、重覆（repetition）；四、多元方法（variety）；五、認知舒適度（cognitive ease）；六、結合工作（link to work）。

第一節　動機

　　訓練的一項重要課題就是：「如何引發動機？」在組織訓練中，管理者大多瞭解學習動機的重要，並且強調必須要以各種方法提高學習動機。這樣的理念並不算錯誤，但卻僅呈現出問題的表層，並未觸及問題的真正核心。

IBM公司曾推出一則廣告便呈現了這樣的問題。在廣告中，公司員工站成數排。一位講師力圖提高大家的動機。他聲嘶力竭對一名員工大喊：「你充滿熱情嗎？」員工說：「是！」講師再用力問一次：「你充滿熱情嗎？」員工大聲回答：「是！」接著講師問：「你為什麼充滿熱情？」員工一陣錯愕，左看右看，然後虛弱的回答：「我……我……不知道。」

這個短片雖然是博君一笑，卻也突顯出如果只是一味的以外在形式來提高學習動機，其實效果是相當有限（圖15-1）。成人教育之父Knowles指出，和兒童相比，成人擁有更高的認知需求，想要知道「為何」學習，而且成人的學習傾向於「問題導向」，必須符合「實務需求」，這些都是學習動機的來源（Knowles et al., 2020）。換言之，學習動機不能只依靠外力的鼓舞，最重要的是由學習者內在產生（Wlodkowski & Ginsberg, 2017）。而在這個過程中，訓練者的角色是協助引導學員內在的驅動力。當成人知道自己為何而學，並且能夠與實際工作或生活需求相結合時，學習動機比較能夠提升。

圖15-1　缺乏內在動力的虛熱情

第二節　連結

　　訓練中另一個課題即是：如何增加記憶？許多研究已經證明，人們在接觸新事務時，如果它與過去經驗相關，將會增加當事人的記憶。例如：曾經有一個心理實驗以美國及墨西哥兩個國家的兒童為對象，研究者讓他們觀看同一組播放速度很快的照片（Adler & Gundersen, 2008）。當照片播放完畢時，研究者分別詢問兩國小朋友記得那張照片？美國兒童因為生長在職棒發達的環境中，因此他們大多記得棒球比賽的照片；相反的，墨西哥兒童並沒有特別記得棒球，他們記得的是鬥牛的照片，因為鬥牛在墨西哥是歷史悠久的一項傳統活動。這項研究證明，即使觀看同一組照片，人們的記憶會因為經驗的不同而有所選擇。過去的經驗有助於新訊息的連結，增加記憶保留（retention）的機會。

　　為了增加記憶，許多人會強調覆誦（rehearsal）的重要性。其實，覆誦可分為兩種，一種是維持性覆誦（maintenance rehearsal），另一種為精緻性覆誦（elaborative rehearsal; Goldstein, 2015）。所謂「維持性複誦」，是純粹不斷的循環重複訊息的複誦方式。例如：當我們必須記下一支手機號碼時，會不斷重覆讀誦這組號碼，以期增加記憶。而所謂的「精緻性複誦」，則是採用連結的方法來增加記憶。心理學實驗顯示，如果希望幫助記憶，最好的方法便是使用連結。為了善用這樣的特性，訓練設計者應盡量將新的知識或訊息與既有的知識相連，或者運用照片、故事、笑話、歌曲、影像等來建立意義與連

結，讓新的知識不是單獨存在，而是與現有的心智網絡產生關係。而在進行連結時，也要盡量與實務工作接近（Liu et al., 2009），並依據學習者及組織的需求來調整設計（Norman et al., 2012），以期增加訓練移轉的效果。

第三節　重覆

中文成語說：「熟能生巧」，而西方諺語也說 "practice makes perfect"。這樣的觀念在近代神經科學中已經得到驗證。根據研究，當人們接受到外在刺激時，相關的神經系統便會啟動（Bermúdez, 2014; Goldstein, 2015）。如果大腦接受到的是新事物，體內的神經元必須建立起新的連結。在連結建立的初期，學習過程是比較困難的，然而，隨著人們重覆相同的行為，神經元的連結就反覆加強，當反覆的次數愈多，神經的網路就愈來愈成熟，使人們在從事類似行為時愈來愈不費力。換言之，當我們反覆練習，便能強化神經元的連結，加強記憶與效率。

組織訓練重視的是成效，最重要的目的便是希望訓練的內容能夠轉變為具體的行為，並應用於職場之中。為了達到這樣的目的，訓練設計要重視反覆，包括：知識訊息複習，以及行為多次練習，透過重覆的接觸與操作，加強神經元的連結以及網絡的建立。

第四節　多元方法

根據研究，人們有不同的學習方式（learning styles; Kolb & Kolb, 2005），例如：有偏向實作或抽象思考；也有人是屬於視覺型、聽覺型或觸覺型等；另外，有人喜愛團體學習，有人偏好獨自學習等等。為了符合不同的學習方式，訓練中應安排多元的教學方法。

訓練中常用的方法有講授，小組討論、影片、示範、角色扮演、實作演練等等。講師要選擇不同的方法交錯使用。例如：講授法的段落不要過長。一般而言，一個段落控制在15-20分鐘之間，並且在講授的過程中能夠以問答的方式，增加雙向的互動，以減少注意力下降。

為了提高注意力，有些訓練課程安排了許多遊戲活動，製造熱鬧的氣氛。這樣的安排雖然能使訓練的現場活潑，但是在喧囂結束之後，許多參訓者會問："So what ?"（目的是什麼？）遊戲占去了許多的訓練時間，但如何能與訓練目標連結，有時卻無法清楚交代。為了使遊戲與活動發揮效果，在使用時必須注意一些事項。首先，在活動結束前，應該要有簡短的收斂，清楚且簡要的將活動與訓練目標作連結。其次，活動即使再有趣，也不要過長或使用太多。根據心理學研究，人們對於外在刺激初期會有較高的反應，但基於人類調適的本能，對於重覆的刺激，腦中的反應會逐漸平緩（De Palo et al., 2013; Noguchi et al., 2004）。由於這樣的生理機制，不論是什麼樣的訓練方法（遊戲法、講授法），如果使用過多或過長，都會使參與者的注意力下降，因此，不妨以交錯的方式安排。

第五節　認知舒適度

　　諾貝爾經濟學獎得主康納曼（Kahneman, 2011）在《快思慢想》（*Thinking, Fast and Slow*）一書中指出，人們會選擇盡量以不費力的方式去理解世界，以減少生理付出的成本。因此，當接觸外在事物時，認知舒適度會決定人們接受該項刺激的程度。康納曼用以下的實驗為例，來說明這項特性。參與實驗的人必須閱讀以下兩個句子，並決定他們是否相信句子的正確性（Kahneman, 2011, p. 63）。

Adolf Hitler was born in 1892

Adolf Hitler was born in 1887

　　通常參與實驗的人會直覺去注意粗體的第一行字，並且相信它傳達的訊息是真實的。事實上，兩句話都不是正確的，但由於粗體字讓受試者的認知上比較輕鬆，因此，自然提高了接受度。

　　這樣的原理對訓練教材的設計有所啟發。在許多訓練課程中，經常有講師為了傳達許多訊息，在投影片上放入大量的文字，使得字體過小。這樣的投影片對受訓者而言是相當沈重的認知負荷（視力、注意力、認知力等），因此許多人會直接放棄閱讀。為了改善這樣的情形，訓練設計者要仔細選擇內容，尤其是那些要放入教材及投影片之中的文字，必須要考慮到閱讀者的舒適感，否則反而會增加學習者的排拒。

第六節　結合工作

在一個探討國際人力資源發展的研討會中，一位主管說出了在國際化中所遇到的困難：「組織雖然很想國際化，但人員卻不配合。」這確實是推動國際化的過程中經常面對的挑戰：組織很想推動，可是許多人員卻沒有動機，也不想改變。

人們採取行為的動機是基於多樣的因素，因此，缺乏動機的議題並不容易很快找到解方。在判斷人員缺少動機時，主管者也可以從反面來思考：「人員為什麼要對國際化有動機？如果它是組織重要的議題，是對誰重要？被期望能一同參與的人有感受到它的重要嗎？」

對於身處職場忙碌的工作者而言，他們的動機往往是來自於「需求」。在職場中，國際能力的發展是屬於成人學習，其關鍵議題之一就是：「為什麼要學？為什麼要改變？」也因此，在推動職場國際化及發展跨文化職能時，需要盡量把它與職場工作連結在一起。可能的作法包括了增加與外籍人員互動的需求、小型的跨文化合作、國內國際的工作輪調、短期海外實習與評核連結等。換言之，培養國際能力除了從個人的角度，也需要思考如何連接到工作。以工作的應用來增加驅力，提升內在的動機。藉由個人行為的改變，才能讓組織整體國際化持續的往上進展。

綜合上述六項與學習心理相關的原理，建構成 MARVEL 原則，透過對學習者心理層面的考量來強化訓練設計及學習效果。

▎第七節　結語

　　訓練的規劃可包括兩個面向：按步就班的計畫，及對學習心理的瞭解與應用。前者可採用ADDIE步驟；而後者可參考MARVEL原則。ADDIE是外部的架構，讓規劃者有初步依循的藍圖，而MARVEL是針對訓練設計的內涵，讓學習的安排有理論依據。在整體規劃完成之後，設計者可依實際的狀況使用「流程模擬」（dry run）的方式演練。所謂流程模擬，如同表演前的彩排，是在沒有受訓者的情況下，先把流程完整的走過一次。如果能透過模擬將流程排練數次，以進行檢視及修正，將會使方案更加完備，創造有效能的訓練。

（本章部分內容發表於2014年9月《人才發展品質管理系統》〔Talent Quality-Management System, TTQS〕電子專刊）

第十六章
訓練課堂中的文化差異

　　在多元文化的課堂中,文化差異是訓練講師需要關注的一環,尤其在教學的規劃與活動實施方面。不同文化的學員聚在一起學習,不一定代表會「自然而然」的融合。相對的,當不同文化的人聚在一起時,有時反而會強化人們希望保有自身文化的想法,使文化差異更加明顯。如同國際管理學者所說,當一個組織內有多個國家的成員時,他們不一定會形成一個融合的團隊;相對的,這樣的組合有可能讓每個國家的成員對自己本國的文化更加有意識且堅持(Adler & Gundersen, 2008)。其主要原因是,當與不同文化群體的人在一起工作時,成員更會意識到差異,而基於自我認同(self identity)與社會認同(social identity)的心理因素,人們會有意識或無意識的更想要保持自己的文化身分。

　　在教學的場域中,當學員來自多種文化背景,講師需瞭解文化對個體學習所產生的影響,這些影響可分為三個面向來討論。

第一節　文化與學習認知

　　人們對外在的認知包括了三個部分:選擇、組織、詮釋。而這些方面都會受到個人文化的影響(Adler & Gundersen, 2008; Jandt,

2018）。在選擇方面，為因應大量的外在刺激，人們會忽略許多訊息，但是當訊息是與自己相關或熟悉的內容時，卻會自然的被選擇出來。例如：在人聲鼎沸的機場，人們不一定會注意廣播的內容，但是，當內容有提到自己的名字，或者是自己要前往的目的地，便會很自然的聽得比較仔細。

其次，文化背景也會影響人們對外在事務的理解與詮釋。例如：在第七章中提到美國一家皮鞋公司在回教國家上市時，它印在鞋底的商標引發了當地人的抗議。追究其原因，是因為雙方文字與宗教的不同，使得對商標圖案有完全不同的閱讀、理解與詮釋，進而形成嚴重的誤解。這個實際的例子呈現出了人們在觀看外在事務時，文化所具備的強大影響力。

由於文化會影響人們的認知，因此，不同文化背景的學習者會對同樣的教學素材有不同程度的注意及詮釋，這些都會對教學帶來一些挑戰。例如：許多原文書是由歐美國家的學者所撰寫，其中所引用的資料以及所表達的觀點，不能代表所有文化的角度。也因此，其他文化的學習者可能會對內容產生疑問，有時甚至會因為國家立場不同而在同學之間引發爭議。當這樣的情況發生時，教學者需予以處理及化解。如果能藉由學員之間的不同意見，進一步引導大家對文化差異的認識，也能將爭議轉成機會學習。

第二節　文化與學習類型

不同的文化背景會對學習方式的形塑有所影響（Damary et al., 2017; De Vita, 2001）。例如：在課堂中，講師有時會請學員發言，但「說」與「不說」的行為，除了受到個人性格的影響，往往也與文化價值有關係。有些文化的課堂重視充分表達（例如：美國），「說」有時被連結到一些正向的意涵，例如：積極、主動、獨立思考等。相對的，在有些文化中，「不說」的行為也連結到另一些正向意涵，例如：沉默是金。而這兩種價值在課堂中都會呈現出來。曾經在我的課堂上，兩組來自不同國家的學生為了「在課堂上是否要積極發言才代表學習」展開辯論。支持發言的一方表示，能用說表達出自己的想法顯示了個人的投入及學習，因此「說」非常重要。支持「沉默」的一方表示，安靜是他們的學習方式，他們被教導要重視沉默，並在學習中使用沉默，因此保持沉默並不意味著沒有學習。換言之，「說」與「不說」的偏好與文化背景有所關連。不論是積極的「表達意見」或是「保持沉默」，每一種學習方式都是由人們根深蒂固的文化價值觀所引導的。

有人問：「難道這表示我們在課堂上不能鼓勵發言了嗎？」其實，在如此重視溝通的時代，對於習慣沉默的學習者，講師仍然可以鼓勵學生練習勇於發言。講師一方面理解文化對學習方式的影響，另一方面可以引導學員嘗試不同類型的方法，拓展自我的舒適圈。

面對沉默的參與者,講師可以採取三項方法鼓勵發言:
一、設計一些學員有特定知識可以參與的題目,例如:說明自己國家的社經狀況。
二、讓全班有時間準備,寫出答案。如果有機會提前準備,受訓者通常會更願意發言或回答。
三、運用小組討論,由小組成員輪替擔任報告人,使每個人都有均等的機會發言。

第三節　文化與分組活動

在訓練中,講師常用的方法之一即是「分組活動」。在多文化的課堂中,它常被視為是促進文化之間認識及融合的好方法。然而,將人們聚集在一個小組中並不一定會促進交流或文化融合。如果沒有適當的認知與引導,分組活動也可能造成更多的隔離和誤解。例如:曾有在國外求學的留學生提到,老師希望各組以最快的速度,找出美國歷史上的關鍵經濟事件。然而,因為外國學生缺乏對美國歷史的知識,為了不降低討論的速度,團隊成員自然不會找外國人討論,也因此,雖然老師希望透過小組合作來加強不同背景同學之間的互動,但由於小組任務的設定,無意間卻排擠了其他國家學生的參與機會,而讓這些學生感到被冷落。

當培訓的課堂中有多元文化時,講師在運用小組活動時需注意成員有平等被納入及貢獻的機會(Chang, 2010)。

一、平等被納入的機會

當不同文化的成員人數差異較大時，少數群體容易在自由分組的過程中落單。此時，講師可以使用一些技巧來確保每個參與者都有平等的機會被納入小組。例如：為每個學員提供一個編號，編號相同的人將屬於同一組。如果提前獲得他們的背景資訊，也可以根據學員的生日月分進行劃分。這樣可以減少在分組的過程中產生被孤立的誤解或感受。

二、平等的貢獻機會

在多元文化的環境中，所有參與者都應該有機會參與分組討論的任務。講師在設計活動前，宜多留意任務內容是否會限制了某些群體的參與。例如：要使用中文猜謎或英文猜單字時，都須考慮參與者的語言程度。如果成員不瞭解活動中所需要用到的知識，參與的難度就會加大，也可能會被排除在外。如此的設計反而會增加雙方之間的距離，甚至造成誤解而不是融合。

在多元文化的環境中，人們會對自身的文化及自我認同更加敏感，講師宜多注意多重的學習類型，平衡的使用不同的方式，使偏好不同方法的學習者都能有機會參與。

第四節　結語：講師的角色

　　成人的學習與兒童學習有所不同，因為成人已經具備許多經驗。在跨文化能力發展的過程中，講師不再只是提供外在的知識，反而是扮演學習促發者的角色。換言之，講師協助成人學習者萃取他們既有的經驗，進行反思，以促進學習者內在的動力，並從中獲取新的體會與知識。

　　面對更加多元的培訓環境，當代的教師需要處理比以往更多的文化問題和挑戰。教師除了理解學員的多元性，也需觀察自己文化的獨特性。一方面不以自己的角度作為放諸四海的標準；另一方面，也認知自身文化所帶來的影響。這樣雙向的認知有助於避免過度放大他人或自己的文化框架，造成判斷上的誤差。

第十七章
跨文化訓練方法

　　為了因應不同參訓者的學習模式，訓練講師的後台就像魔術屋，裡面存放著許多的道具，而這些道具就是各種的訓練方法。從傳統的講授到搭配科技的線上活動，講師有愈來愈大的空間可以針對不同的學習型態與訓練目的而做調配。以下介紹九大類型的訓練方法：互動講授法、影像融入法、情境訓練法、反思經驗法、交互回饋法、藝術創作法、遊戲訓練法、參訪旅行法及教學換位法（圖17-1）。

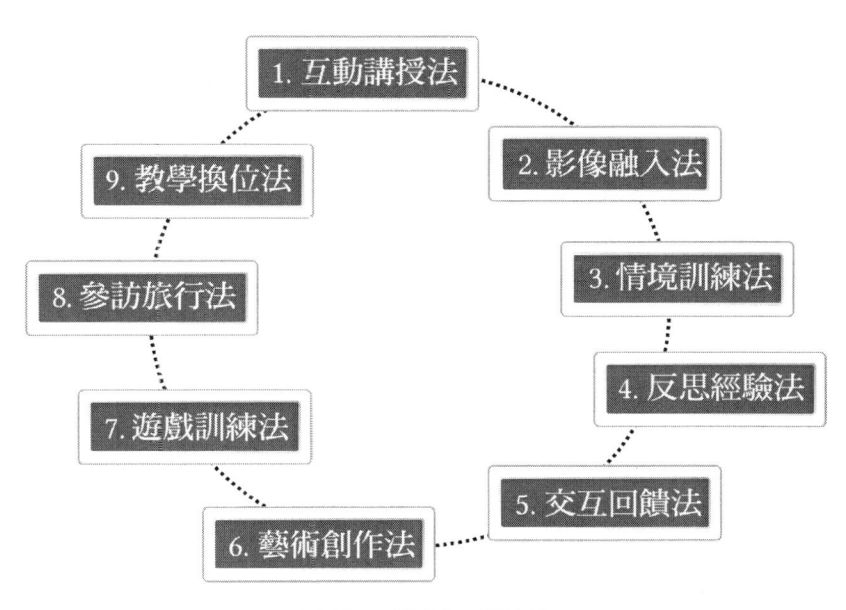

圖17-1　跨文化訓練方法

第一節　互動講授法

　　傳統上，講師單向的講授法被指出有很大的限制，認為它是一種比較單調枯燥的做法。但是，如果做適當的調整，它能夠將資訊作系統性的傳遞與說明，在訓練中具有基礎性的功能。

一、即時問與答

　　為了避免受訓者在一段時間後注意力下降，講師應該適度的在講授法的中間提供互動式的暫停點，讓學員短暫的思考及回答，以避免因枯燥單調而變成「有聽沒有到」的情況發生。

二、查閱與測驗

　　在講授一段時間後，講師可讓學員短暫複習，並填答事先準備好的題組。一方面評估學員所理解的程度，另一方面也讓受訓者的注意力能夠稍微休息。

第二節　影像融入法

　　隨著科技的進步，錄音錄影相當方便，影音資料變得十分普遍。加上網路社群的蓬勃發展，許多影片可供講師選擇，作為教學資源。

一、短片

微電影、動畫、演講等。短片有許多功能，例如：議題討論的前導、示範、轉場等。它們所占用的課堂時間短，較能讓受訓者集中注意力。

二、電影

公播版的電影也是跨文化訓練良好的教材，因為電影有場景、人物、劇情，對於瞭解事情的前因後果有比較完整的陳述。它可以透過較長的時間，把文化脈絡交代得比較清楚。在使用時，講師也需注意，由於觀看電影所花費的時間較長，講師需事先確認它與教學主軸的連結度，以及要討論的議題。也可以摘錄重點片段來播放，以利時間的管理與運用。

三、拍片

上述的方法，不論是觀賞短片或電影，都仍然是單向式的教學。然而，今日隨著手機的普及，拍攝影片並上傳到網路平台已經時常可見。因此，講師可以讓受訓學員從過去的影像消費者，轉變為影片的製作者。讓學生組成團隊，在一段時間內拍攝短片。透過撰寫腳本、拍攝、剪輯的過程，學員不僅能換位思考、增加趣味，也能幫助學習者更深入的連結教學的議題，從被動的影像接受者轉成主動的媒體素材創造者。

第三節　情境訓練法

在「做中學」已經被證實為實用的教學方式。為了在現實狀況以及課堂之間取得一個平衡，情境訓練法是在課堂裡面盡量創造出類似現實工作中的狀況，讓受試者感同身受，在模擬的環境下練習。

一、個案演練法

講師利用書面資料、投影片，或者是影片的方式呈現實際的個案，讓受訓者瞭解情境，進而能夠以個人或小組的方式，對情境提出分析、診斷，並列出建議的方案。

二、角色扮演

針對個案，如果時間允許，能夠讓受訓者進一步的實際扮演其中的角色，並練習所需要的技能。例如：跨文化管理者練習教導部屬（coaching）、傾聽、提供回饋、面談技巧等等；空服員演練因應緊急狀況的流程，或處理顧客的抱怨、爭執，甚至衝突的情況。透過實際的角色扮演，讓受訓者在安全的環境下親身經驗。為了讓成員能夠在訓練結束後，更順利的把所學的技能應用到實際工作之中，達到「訓練移轉」的目的（Blume et al., 2019），情境的設計要盡可能的與實際情況接近，包括了物理層面（例如：設備、場地），以及心理層面（壓力、緊張等），讓學員在演練的過程中，從單純到複雜逐步體驗及練習。

第四節　反思經驗法

成人生活中的「具體經驗」是學習的素材。然而，經驗是否能真正帶來學習，「反思」扮演著重要的角色。講師透過活動的設計，引導學員進行反思，從自己的經歷中獲得新的體會，再應用到生活與工作中。

一、音樂／圖片詮釋

播放一段音樂或一張圖片，讓受訓者連結到自身的跨文化經驗。例如：同一段音樂，有人會想起家鄉教堂的聖樂，有人會想起自己國家的節慶。從詮釋中可以看到本身的基模，以及它的影響。

二、個人日誌

鼓勵學員把自己跨文化經驗中印象深刻的事件記錄下來。包括：發生了什麼事、當時的行動、行動的結果、有沒有那些做得適當或不適當、從行動的結果中學到什麼等。

三、行動方案

如果再次遇到類似情境，會採取什麼行為？針對希望達到的改變，擬定行動方案。如果時間允許，可搭配情境訓練進行模擬演練。

反思經驗法主要協助個人「學習如何學習」（learn how to learn; Ulrich, 2019）的能力，在訓練之外也能夠透過自我學習的方式，觀察自身的思惟與行為模式，以進一步產生自我修正的效果。

第五節　交互回饋法

與孩童相比較，成人有更多的生活經驗，成為訓練中很好的學習資源。因此，講師除了傳達知識，另一個重要的任務即是建構一個平台，讓學員彼此有機會針對跨文化的主題，把過去的經驗與體會（正向或負向的）引導出來，成為學習教材，也藉由分享組成學習的社群。

一、世界咖啡館

在輕鬆無拘束的環境下，以小桌討論的方式進行，讓學員運用各種媒材表達個別的跨文化事例，並在小組內凝聚集體的心得。

二、故事接龍

大家在集體創作的過程中，一方面聽到別人的故事，另一方面把自己所想像的情節能夠納入。在別人和自己的故事情節中，其實都已融入了各自的經驗，這是一個相互瞭解又共同合作的過程。

三、喬哈里之窗（Johari window）

這是由美國心理學家所提出來（Luft, 1961; Tran, 2016；詳見第六章）。在活動中，每個人可以用一個形容詞來描述小組成員以及自己，之後可以相互對照，並討論每個人心理的四個區域，包括：公開區（自己和別人都知道）、隱藏區（只有自己知道）、盲點區（別人知道，但自己看不到）、未知區（自己和別人都還不知道）。這個活動是藉由自己與他人的反饋，來更瞭解自己，也促進人際的溝通。

第六節　藝術創作法

利用各種方式與媒材，讓受訓者能夠把心裡的記憶、想要表達的觀念，或心得等以創意的方法呈現，不再僅局限於文字的表達。

一、手繪

依據訓練活動的目的，選擇適合大小的紙張，讓學員自由塗鴉。

二、手作

以不同的材料，例如：黏土、厚紙板、保麗龍等，做成想表達的作品樣式。

三、歌曲

講師提供學員任務，可以自編隊歌，或展現各族群之經典歌曲。在唱完之後，也說出歌曲的意涵。

透過創作，參訓者更能夠思考如何把無形的想法和記憶做更具體的呈現，不僅能夠讓別人看見，最重要的是，也提供了一個重新回想及具像化的機會。

第七節　遊戲訓練法

遊戲是訓練課堂中常用的方法，藉由活潑與競賽的氣氛，提高參與者的注意力與投入程度。

一、實體互動

講師可將文化的知識、國際禮儀、地理資訊等作為內容，規劃不同的形式，例如：搶答、比手畫腳、闖關等，並可依完成任務的快慢及正確率來決定勝負。但遊戲法的設計，必須緊扣著訓練的目的。

二、線上系統應用

目前科技的應用，可以讓課堂所有的成員登入同一套系統，進行即時且個人的回饋。每一個人有一組帳號密碼後，在課堂間隨時登

入,回答講師所設定的問題。這樣的設計,一方面讓每一位參與者都有平等參與的機會,另一方面可以很快速且即時的讓受訓者看到全班所有人的回答。當然也可以在線上進行競賽與搶答,變換教學的方法。

電腦與手機的應用可以輔助教學,增加多元性。然而,值得注意的是,由於許多程式的運用需要事先設定,加上每一位學員對科技的掌握及熟悉程度不盡相同,因此在應用時,需事先瞭解學員的背景,並保留適當的準備時間。

第八節　參訪旅行法

文化與「人」及「土地」是緊緊相連的,因此如果時間許可,實地走訪是一種直接體驗的方式。

一、人物訪問

選擇對異文化有經驗的人士,進行對談或深度訪問。

二、小旅行

離開教室,到文化的現場直接看與聽,並且與人互動,親身感受文化的氛圍與景象。

第九節　教學換位法

「教」與「學」是一體的兩面，當人們必須教學時，除了自己要理解之外，也需要思考如何把知識或技能傳遞出去，因此，透過教的過程，所學習的內容會自然的更加融入個人的記憶之中。講師可安排時間，讓參訓者從教中學。

一、個人教學

選擇一個課堂中每個人都有的經驗，請他們選一個發生過的事件，以及從中學到的功課，作為素材。呈現的方式可以用口說、手繪、書寫等。

二、分組教學

選擇一個主題，由小組針對主題蒐集資料或彙整組員的經驗，在經過一段時間準備後，實際進行教學。

不論是個人或分組，為了使教學有所成效，講師需在事前提供「教學準備大綱」，讓學員有方向可以遵循，但在教學方法上可以保留空間讓個人及各組發揮創意。

第十節　結語

　　訓練方法是促進學習的途徑，也是講師與學員，以及學員與學員之間協力合作的過程。隨著科技的進步及世代的改變，訓練方法已不斷的更新。對學員而言，訓練方法的應用可以協助融入學習，以提高訓練成效；對講師而言，運用各種訓練法除了促進學習，其實也是在探尋課堂中不同的互動方式，讓自己對教學保持好奇與趣味。

第十八章
自我學習與跨文化能力

在成長的過程中,自我學習的機制協助人們從生活中累積知識與體會。尤其當成人離開學校教育之後,它成為一種最常使用且方便的發展方法。然而,它雖然方便,但並不表示它會自動發生。事實上,有效能的自我學習需要當事者的意願與投入。

本章將跨文化能力的自我學習整理為三個部分依序說明,分別是:創造經驗、善用經驗、突破經驗。

第一節 創造經驗:接觸跨文化

經驗是自我學習的基礎,它可以從生活及工作中自我累積,或者透過閱讀、聆聽、觀看影片等方式獲取別人的經驗。如果希望培養跨文化的能力,最直接的方式便是把人投入到跨文化的情境之中,以創造出具體的經驗。學者柯柏(A. Y. Kolb & Kolb, 2005; D. A. Kolb, 2015)觀察成人提升自我能力的過程提出「經驗學習」理論。它強調成人學習的歷程是由具體的經驗開始,之後對其經驗加以觀察及反思,以獲得新的概念。如果能將新的概念再加以應用創造新的經驗,如此學習便可以持續進行。

把自己投入到跨文化的情境中，例如：接受國際任務、與外籍人士共事、在工作中納入國際合作、參與多文化的社群、投入短期海外志工、交換或實習等，都有助創造具體的經驗。這些經驗可能會帶來正向或負向的感受，但如果運用得宜，它們即是學習很好的素材。而善用的方式包括：觀察、反思與應用（圖18-1）。

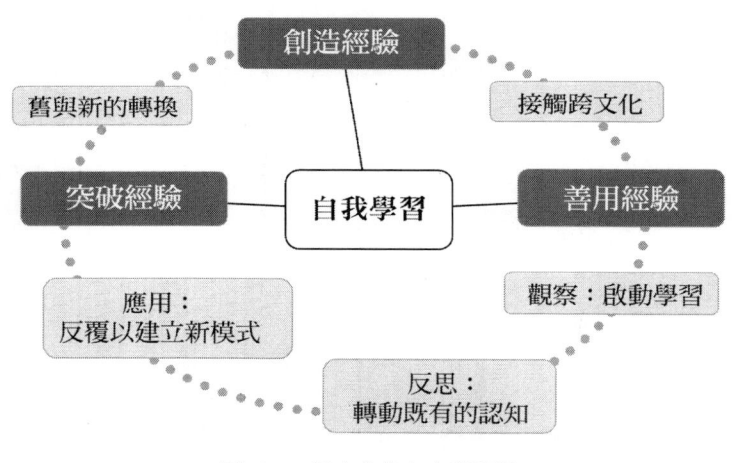

圖18-1　跨文化能力自我學習

第二節　善用經驗：觀察、反思、應用

一、觀察：啟動學習

人們每天都會經歷許多的事件，但不是每件事的經驗都會產生學習，很多時候，它們可能在無意識之間就過去了。然而，當人們開始觀察，自我學習便會啟動。

觀察「文化」及它的「影響」是發展跨文化能力的第一步。這個步驟看似簡單，但由於文化與人們的生活是如此緊密的結合，因此經常令人忘記了它的存在。例如：一位國際學生在分享對台灣的印象時說：「我剛來的時候，不明白為什麼台灣人要把雞蛋泡在黑色的水裡。」在場的聽眾剛開始一頭霧水，但片刻過後大家就意會過來，原來她說的是便利商店的茶葉蛋。對長久居住在台灣的人而言，茶葉蛋的顏色幾乎已經不會引起注意，因為是如此的習以為常。然而，從外國人的角度，卻立即點出它的「不常」。當差異出現時，文化的意識就會出現。

　　面對跨文化情境中的差異，互動時難免會有困惑、誤解或摩擦，但這些情況的產生即表示了有一些因素未被完全理解。因此，這些會卡關的地方，通常也是學習啟動的信號。當事人可以選擇這些印象深刻的事件，記錄並檢視它的過程，包括：（一）地點、人物、時間；（二）發生了什麼事；（三）採取什麼行動；（四）結果如何。

　　以文字簡要的記錄，並且一層一層的檢視細觀，逐步深入。心理學家馬斯洛（Abraham Maslow）曾說：「若能透過表相而往深處探討，便會發覺，愈往深處追究，所發現的愈屬於普遍性」（轉引自 Lefebvre 著，若水譯，p. 323）。存在主義哲學家 Gabried Marcel 也說：「我愈深入我自己，我愈發覺那超越自己的層面」（轉引自 p. 283）。對自我經驗的深入觀察，有助於發現人的普同性。

　　透過觀察，一方面可以對互動中卡關的原因有更多的釐清，另一方面，也透過瞭解自我，認識如何超越自己的局限，如此有助於開拓

本身在文化認知上未知的領域，並以更寬廣的角度看待與詮釋文化的差異。

二、反思：轉動既有的認知

反思是自我學習的重要關鍵。在跨文化的情境中，面對差異是最常發生的情況。此時，如果能順利的互動，產生互補與合作，這是很理想的情境。但是，有些時候，差異所帶來的誤解與衝突，不僅在事務的推動上產生困難，也在內心產生衝擊。此時，當事者除了觀察，也需要搭配反思。

反思包括了「反」和「思」，即是從不同的面向思維，它包括了「時間」、「事件」、「人我」的面向。

（一）時間的反思：現在與過去的往返

採用回溯法，把事件最初的起點、過程、結果等，做一次瀏覽與整理。

（二）事件的反思：外在與內在的互顯

一個事件的發生包含了外在的面貌與內在的因素。前者比較顯而易見，但後者有時不容易釐清，需要當事者花一些心力去檢視，進入事件的內部，探尋衝擊發生的內在歷程，從中看到什麼。在行為層面，可以思考：如果再遇到類似的情況，會有什麼作法，是否應有那些改變，並列出行動清單。

(三) 人我的反思：他人與自我的互換

　　跨文化的互動包含至少兩方：「他人」和「自己」。存在於兩方之間的差異有時會帶來誤解與爭端。尤其當一方的行為產生另一方不滿或有摩擦時，便會引發不同的回應，包括：反對、淡化、反映。

1. 反對

　　當不滿的情緒很高時，當事人容易採取對立的角度，不滿「對方怎麼可以這樣對我？」在這個層次裡，對方是令我不滿的源頭、是衝突的原因。憤怒情緒使當事人認為，如果要化解問題，「對方」必須改變。

2. 淡化

　　當情緒稍平穩之後，當事人可能採用淡化的方式，例如：告訴自己：「不要把對方的行為放在心上。」因此，即使對方行為還未改變，但至少我已經不那麼在意了。

3. 反映

　　隨著不滿情緒的降溫，當事人有能力運用反向思考，檢視一下對方的行為是否也部分反映出自己本身的行為。社會心理學的研究已經發現，人的互動是有鏡像的特性（Rizzolatti & Craighero, 2004），有些行為是互相牽引的。然而，由於個人對於自己行為的特性有時很不容易覺察，因此在互動過程中所產生不協調或不舒服的感受，其實可提供當事者一個自我檢視的機會，甚至作為自我調整的線索，指引出潛在的盲點。

由反對、淡化到反映,人們可以從最初的「都是他(她)的錯」逐漸轉成「我能學到什麼」的想法。然而,這個過程並不一定都很順利,因為個人心中對自我想法強烈的堅持有時會成為一種不易跨越的門檻。當事人把自身的價值觀不僅當作是文化的一部分,也把它變成是「我」的一部分。換言之,當事人認為:「我的文化就是我,如果要改變文化價值觀,就是要改變『我』。」這樣的堅持常使得人們不願在互動中妥協或改變。

　　對於這樣的堅持,心理學者嘗試使用一些方法協助當事人可以鬆化「我有」和「我」之間強烈的連結。例如:學者 Robert Assagioli (2010) 發展的心理綜合 (psychosynthesis) 學派提出個人可以從幾個面向來與自己對話:

> 我擁有我的身體,但我不是我的身體 (body)。
> 我擁有我的情緒,但我不是我的情緒 (emotion)。
> 我擁有我的心思,但我不是我的心思 (mind)。

　　這個簡單的自我對話是在提醒當事者辨別真實的「我」與「我的感覺、情緒、想法」之間的區別 (Appel, 2017; Lombard, 2017)。這樣的方法也能運用在對跨文化的反思中,協助在「我」與「我的文化」之間創造出一些空間,增加行為相互協調的彈性。

三、應用：反覆以建立新模式

應用是將所學的概念在生活中實驗，創造新的經驗。一方面檢驗之前所學的知識；另一方面，也藉由反覆運用達到練習的效果，以建立新的行為模式。舊的習慣要改變並不容易，行為的調整也並非一蹴可幾，它會經歷時好時壞、進進退退的過程。需要依靠目標的引導，及持續的反覆練習來逐步實現。

在跨文化的情境中，行為的調整主要出現在兩種情境。第一是身處在異文化的新環境中，需要配合當地的生活方式而改變，例如：車輛駕駛的座位、採購的習慣、小費的支付等等。另一種是因為雙方文化的差異，在互動過程中需要相互協調或調整。例如：在洽談生意時，是稱呼對方的職稱或是姓名；在溝通中，是使用言語或是非言語的方式。由於慣用的行為是由長久的經驗累積而成，其既有的基模不會輕易改變，一般是因為有強力的需求形成壓力，才會觸發轉變的動機。

跨文化的互動有時會令人倍感壓力，尤其是面對文化差異所帶來的衝擊，許多人會出現挫折、沮喪、氣憤等情緒，在調適的歷程中上上下下。針對此狀況，跨文化學者Kim（2001）提出「壓力—調適—成長之動態」（stress-adaptation-growth dynamic）來形容這樣的過程。她指出，在過程中的起伏是無可避免，但是如果在上上下下之間畫一條直線，它仍是持續成長的方向。Kim藉此來呈現，在跨文化的情境中，人們持續的把從經驗中所得到的體會應用在實際互動中，從新經驗中再次學習與調整，如此反覆，透過壓力與調適的循環，逐漸成長，並發展跨文化能力。其跨文化調適的歷程如圖18-2所示。

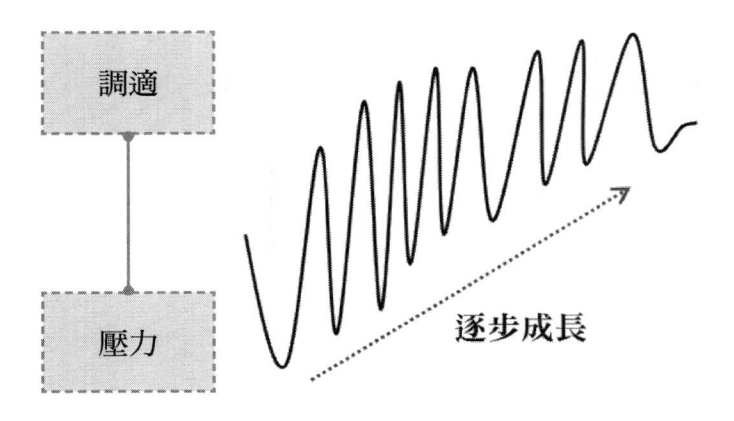

圖 18-2　跨文化調適歷程

異文化之間的碰撞，有時會帶來不愉快的情境，或是負面的經驗與情緒。然而，實務的研究發現，這些看似負面的事件往往成為跨文化能力發展的起始點。如果當事人善用及管理得宜，它們常成為自我學習的良好資源與教材。這些負面的事件與情緒，在經過沉澱與反思後，給當事人帶來新的觀點與正向的價值，例如：認知與視野的開拓、心靈與行為的彈性、包容不確定的能力、對自己的適應更有信心，以及在國際互動上更為自在等（Chang, 2007; Cushner & Karim, 2004）。

第三節　突破經驗：舊與新的轉換

經驗雖然是良好的素材，但有些經驗需要被突破才能獲得新的學習。同樣的，在跨文化情境中，有時因為個人根深蒂固的觀點，使得

新的適應成為很大的難題。例如：員工被派駐至國外工作卻始終無法融入與當地人互動，產生文化適應的困難，也無法順利完成工作。在經過協助深究其原因之後發現，是因為本身對特定文化的刻板印象，在內心深處存在著不自覺的歧視與自我優越，因此無法以公平的態度對待當地同仁並做出客觀的決策。如此，不僅工作績效受影響，連帶的在生活的適應上，也出現處處抱怨又自怨自艾的困難。

在生活及跨文化的情境中，有時會遇到過不去的關卡，學者稱它們為「困惑的難題」（disorienting dilemma; Mezirow, 1991, p. 218）。這些難題帶來壓力，但卻也可以觸發「轉換型學習」（transformative learning）。「轉換型學習」與「工具型學習」不同，工具型學習著重在技能和知識的獲得，它回應「是什麼」（what）及「如何做」（how）的問題。相對的，轉換型學習是一種視角轉換及思維架構的轉移，回應「為什麼」（why）的問題（Mezirow, 2003; Mezirow & Taylor, 2009; Taylor, 2001）。

研究發現有些難題之所以會卡住過不去，是因為個人被自己既有的想法所困住。例如：過去在學校的失敗經驗阻礙了個人新的學習；早年親友的否定影響了個人對自己的信心等。過去經過教育或學習所形成的觀點卻成為今日的障礙，因此需要新的學習來轉換，清除過去舊教育所學但已經不再適用的觀點。「清除」（unlearn）本身就是一種學習（Hislop et al., 2014）。在這個過程中，「難題」是一個起點，並且對於自己詮釋的角度進行「批判性的檢視」（critical reflection），找出難題的潛在原因，協助找到習以為常但是會使自己陷入困境的想法或信念，點亮思維迴圈中的盲點，進而加以轉變。當

思維迴圈改變,對外界的認知和詮釋就隨之改變,如此,所看到的角度不同,所選擇的因應對策與行為也會不同,帶來新的轉變與契機。

第四節　結語

跨文化能力的自我學習需要創造經驗、善用經驗,又突破經驗。前兩者是以經驗學習為基礎,透過觀察及思維,體會其中可以學習的內涵。然而,僅由經驗中學習也有其限制,因為人的經驗可能是有偏見的;人對經驗的記憶是經過選擇的;人對經驗的詮釋經常是複製現有的邏輯,不容易突破。因此,在運用經驗的同時,也應理解到不宜只限於本身的經驗,因為每一個人的經驗都是有局限,自我的內在也存在著一些未知與盲點。有時,從過去經驗所學到的理念、價值觀、行為模式等需要被清理與重整。跨文化中的差異,它會衝撞個人既有的思維與行為體系,令人感到不安與不舒服。但這些感受也正是突顯了自我與外環境出現了不融合,形成了改變的壓力。此時,如果能夠吸收不同的觀點,運用轉換的方式,把壓力轉成提升自己的推動力,那當事人就能藉由跨文化的互動,學習與差異共處,並且開拓自我未知的部分,進而能看到更開闊的視野。

第十九章
腦心智科學與跨文化學習

文化與人的心智息息相關，而心智又與生理有密切的關聯。近年由於科技的進步，人們可以透過儀器把生理與神經的變化轉成視覺的圖像，因此，許多研究開始從腦神經科學的角度去探討文化，試圖更加理解人們在做一個行為的時候，心智與腦產生了什麼樣變化（吳昌衛等人，2011），而這樣的發展也影響了文化的研究。

近期，由於腦影像技術的發展，帶動了許多認知神經科學的研究，其中部分研究發現與學習有密切的關係。以下就三個方面說明近代神經科學的發現與學習的關聯性，包括：神經可塑性（neuroplasticity）、鏡像神經元（mirror neurons），以及神經自動性（neural automaticity; Chang, 2017b）。

第一節　神經可塑性

一、研究發現

研究人員發現大腦具有自我修復的可塑性（Costandi, 2016）。而神經可塑性被發現與經驗及學習有關，例如：研究者以計程車司機為對象，試圖瞭解他們在工作中找路的頻率是否與腦部的神經發展有所關聯。經研究發現，與一般人相比，這些計程車司機因為要經常找

路,他們的後海馬區域比較大,而且它的體積大小與計程車司機的年資時間長短呈正向的相關。後海馬是大腦中與空間處理相關的區域,當司機找路的經驗愈多,這個區域發展就愈明顯(Maguire et al., 2000, 2003)。同樣的,另一組的研究者則是邀請志願者來學習玩雜耍,在訓練前及訓練後,用全腦核磁共振成像技術來觀察這些志願者大腦的變化。研究發現,在訓練之後,大腦中與負責處理及儲存複雜視覺運動的相關區域出現了結構的改變,這表示環境的豐富性和反覆練習增加了神經元的再生(Draganski et al., 2004)。

二、學習的應用

成人透過經驗學習的循環持續累積能力(Kolb, 2015),而這樣經驗累積的結果也改變神經生理的結構,進而更促進人們在該方面的能力,呼應了循環學習的概念。因此,在學習的設計方面,講師宜先找出要強化的訓練重點,並保留時間予以反覆,另外納入時間的考量,決定是要採取什麼層次的練習,是在認知的層次說明概念是關於什麼(about)及要如何做(about how to),還是延伸至應用的層次實際做出來(how to;三個層次的介紹請見第十三章)。如果再加上連結到工作,搭配做中學,以及自我學習等,其成效會逐漸的累積與出現。

第二節　鏡像神經元

一、研究發現

　　研究發現在人們腦中的神經元有類似鏡子的功能，能夠映照出外在世界他人的行為，並自然而然的產生模仿與學習。稱為「鏡像神經元」（Rizzolatti & Craighero, 2004）。鏡像神經元有助於解釋人們為什麼能夠同理他人的感受和想法，因為當一個人觀察另一個人做某項行為時，觀察者腦中活化的區域與行為者相當接近（Jeffers, 2009）。例如：神經科學家發現，當人們「觀察」有厭惡表情的面孔，他們腦中活化的部位與真正感受到厭惡的人相同（Wicker et al. 2003）。鏡像的功能讓人們具有社會認知與連結的能力（Molnar-Szakacs et al., 2007），也給社會學習理論提供了生理的基礎。

　　自20世紀70年代以來，社會學習理論就指出社會互動對學習的影響，它說明了社會環境對認知發展的重要性。如同美國心理學家班杜拉（Bandura, 1971, p. 5）所言，不論有意或無意，人們表現出來的大多數行為都是透過對榜樣的學習而得來的。鏡像神經元為社會學習理論提供了生物學的支持，也證明了人們不論是有意識或無意識，都是存在於一個廣泛而緊密相連的學習網絡中。在這個網絡裡，每個人都相互聯繫、相互影響，也自然的彼此學習。

　　在跨文化的溝通中，人們與來自不同文化的人交流，其實也在相互反映，彷彿是「鏡像的對話者」（mirror-image interlocutors; Spitzberg & Changnon, 2009, p. 32），雙方會相互模仿與影響，除了表

情姿勢,情緒也會互動感染。研究者巴薩德(Barsade, 2002)發現在團體之中存在著情緒的「漣漪效應」(ripple effect),每個人的行為與情緒,不論有沒有說出來,其實都能對群體產生影響。因此,當個人的國際能力提升,能在互動中減少不安與焦慮時,對互動的另一方或整體群體都會產生擴散的影響力。

二、學習的應用

對於訓練設計,鏡像神經元的發現帶來兩項啟示。第一,人們看到別人的行為時,會產生彷彿自己親身經歷的感受,因此在訓練中安排模擬的情境與擬真的感受,有助於強化學習。這部分,隨著虛擬實境(virtual reality, VR)與擴增實境(augmented reality, AR)的發展,可將實際的情況儘量納入訓練之中,創造臨場的感受,以增加身心的體驗與記憶。第二,由於鏡像神經元時時都在作用,因此人們的學習是多方向性的。換言之,不論有形與無形,結構或非結構,人們的模仿與學習都已經在發生。學員與講師的學習是雙向的,而學員與學員之間也彼此影響,因此都可以作為學習的資源。

第三節　神經自動性

一、研究發現

神經自動性是指人們在經歷了重覆性的刺激,在充分的反覆或練習之後,能以快速,高效能,且較輕鬆的方式來執行任務(Servant et al., 2018）。換言之，重覆的經歷和行為增加了神經元的自動性，降低了行動當下所需要付出的心力。

一般而言，能力的發展可分為四階段（Broadwell, 1969; Cannon et al., 2010）：（一）無意識的無能（unconscious incompetent）；（二）有意識的無能（conscious incompetent）；（三）有意識的有能（conscious competent）；（四）無意識的有能（unconscious competent）。

隨著發展的過程，神經也產生新的連結，使某項行為或工作愈來愈熟練。根據心理學中的「最小付出原理」（law of least effort; Kahneman, 2011），人們會試圖用最小的努力來達到相同的目標。而神經自動性使人們對熟悉的刺激可以更快速的反應，而且用較少的心力即能完成工作（Chang, 2017a）。這樣的好處會進一步再強化這個自動化的循環。慢慢的，它成為一種習慣、模式，甚至成為無意識的自然反應。

神經的自動化可被分為四個面向，包括：覺察（awareness）、效率（efficiency）、意向（intention）及控制（control; Spunt & Lieberman, 2014）。這四個面向都與跨文化學習有關聯。

（一）覺察：個體明白的意識到刺激、過程，以及反應的程度。

（二）效率：一個流程可以在沒有注意及費力的情況下，被快速的處理完成的程度。

（三）意向：意向性與控制性是緊密相連的。意向性是指明確的意向能啟動一個心理過程或行動的程度。

（四）控制：在心理程序啟動之後，它能被修正的程度。

在跨文化的互動中，「覺察」連結到文化敏感度，「效率」連結到行為完成的速度、「意向」連結到動機促進行動的程度，而「控制」則連結到思想與行為跨文化調整的機制。每一個面向都可能透過「反覆」與「經驗」更加的熟能生巧。

神經自動化可能增加工作的效能；但事情大多是兩面的，對於創新而言，行之有年的慣性卻可能成為一種阻礙。當人們面臨新的挑戰或新的文化環境，行之有年的舊模式可能無法再適用，但自動化的迴路往往無法立刻就改變，此時，要放棄熟悉的快速迴路，並且花更高的能量去重新建立一條新的道路，這個過程往往比預期更為困難，因為在許多情況下，神經自動性會無意識的啟動習慣的行為或思維模式。如果要對既有的習慣進行改變，那就需要啟動「卸除式學習」，把過去的迴路做一些清除（unlearn; Hislop et al., 2014），放下一些過去所建立的但已不再適用的知識、思維或行為模式。

二、學習的應用

當跨文化溝通產生阻礙，或異文化調適出現困難時，瞭解神經自動性的運作，可以幫助啟動新的學習，包括三個步驟：剎車、鬆動、開路。

（一）剎車

在跨文化互動中，人們依賴長久以來建立的自動化反應。因此當互動出現困難或緊張時，可有意識的減緩腳步，降低自動化的速度，

並分析舊有的習慣與思維是否成為跨文化調適的阻礙，這是「剎車」的過程。

（二）鬆動

如果既有的行為或思維產生了阻礙，或令當事人身處困境不易跳脫時，除了減緩速度，還需深入一層去檢視，甚至挑戰自己「因為A→所以B」的歸因迴路，並加以解凍，也就是「鬆動」的過程。

（三）開路

隨著舊有迴路的鬆開，當事人有能力依據新的文化情境，加入新的路徑。這樣並不是否定過去的舊模式，而是面對新的外在環境有創新且更適宜的因應，在思維迴圈中加入新的選擇，也就是「開路」的過程。之後，隨著類似情境的出現，當事人可反覆應用，以促進新迴路的自動化，增加順利調適的機率。

第四節　結語

近期腦與心智科學研究的蓬勃發展，促進了文化心理研究與神經學的結合，也帶來對跨文化學習的啟發，例如：神經可塑性、鏡像神經元、神經自動化等，都對跨文化訓練的設計提供了生理機制的資訊及思考角度。透過心理與生理的結合，將有助於使跨文化的研究與應用更加的完整。

第二十章
國際力：現在與未來

面對全球化的挑戰，國際能力與跨文化的素養成為一種必要的內涵。這項能力的發展包括：生理、心理、語言、專業，以及內外在的文化能力。本書以20個章節、20則個案及解析，來涵蓋這些面向的問題與因應策略。

第一節　生理與心理

全球移動的時代中，人們在不同的區域與文化之間移動，最基本的就是生理層面的調適，例如：食物、飲水、溫度、濕度等。這些因素都可能從最根本的層次影響個人是否能順利的跨域遊走，完成跨國的任務。

其次，國際能力的發展也與跨文化心理緊密相關，例如：文化的衝擊、適應的壓力、焦慮、憤怒、不確定感、基模的調整、文化動機、後設認知等等。而這些心理的反應與生理的運作有著密切的關聯。心理學研究已經證實了人們在面對新的環境時，內在與外在的因素是連動的且相互影響。例如：跨文化調整需要有高度的認知、覺察，以及自我管控的能力來配合，這些功能與腦中的許多區域相關，例如：前額葉、海馬迴、腹側前額葉皮層等（Amodio & Frith, 2006;

Fuster, 2002; Lieberman et al., 2014)。而外在行為的訓練也能夠強化這些區域的功能,例如:正念訓練已被證明能夠增強腦中的控制系統,強化一個人的意識,並提高他們的精神力量來管理個人的工作與生活(Waytz & Mason, 2013)。在國際互動的情境中,內在的文化價值會左右人們對外在世界的感知及判斷;另一方面,外在的文化刺激也會啟動個體內在既有的神經迴路,引發特定的行為模式(Chiao & Harada, 2008; Chang, 2017; Chiao et al. 2009; Goh, et.al, 2010; Waytz & Mason, 2013),身心相互影響。

國際力的發展不僅是在知識的吸收、技能的演練,另一個重要的面向即是心理素質的強化。而心理又需要神經系統與生理機制的支持。換言之,生理的適應影響心理的變化;而心理調適的程度又牽動生理的改變。也因此,國際力的發展與生活的習慣有密切關聯,須依靠個人身心層面整體性的支持。

第二節　語言及專業

國際力是指個人能與不同國家文化背景的人互動,有效的完成任務。其中,語言扮演關鍵的角色。雖然目前全球共通語言是以英語為主(C. Ang, 2020; Neeley, 2012),然而,使用英文的大部分人口其母語都不是英語,因此,在溝通中會遇到口音的差異、文法的問題、談話的速度、理解的落差等問題。這些問題又會影響自信心、情緒,甚至引發退縮或抗拒的行為。從表層來看,語言只是一套符號與發音的

系統。但從深層來看，它連結到心裡與行為的許多面向，因此，在國際力培養的過程中，語言是不可或缺的基礎角色。

除了相互溝通的語言，國際力的內涵也需具備專業領域的知識，例如：企業組織在進入全球市場時，人員須有國際貿易及金融的知識；政府部門在跨國合作時需要瞭解國際法規、全球經濟、國際關係、文官體系的運作等；非政府組織在進行國際援助合作時，也需要各式的人才，例如：醫療、教育、農業、水利、森林、畜牧等等。而專業又需要有外語能力來作為支持。專業及語言能力需要長時間的培養，在人才甄選時就需要有對應的評核機制，招募適當的人選，並且在人員進入崗位後，以正式或非正式的訓練繼續在職進修，以期能隨著職務的特性增加適配的程度。

第三節　內外在文化能力

專業及語言是國際力的重要基礎，但具備專業及語言並不一定表示能有效的溝通，需要搭配文化能力來完成任務。外在文化力是指當事者能依據環境及互動的對象因應差異，把專業作適當的調整，使其符合當地或特定文化群體的狀況；其次，也需依賴有效的溝通，理解並詮釋對方所要表達的意思。然而，內外連結的過程中存在了許多的障礙，例如：文化背景會帶來不同的詮釋、編碼、解碼等。另外，個人的情緒以及當下身體的因素等，都可能造成干擾，形成溝通的障礙。

而內在文化力是指個人能夠看見在文化差異之間進行連結的複

雜性，對過程保有耐心。當遇到極大的困難時，不會期望一步到位，而是能一環一環的處理。在沒有人能提供方向的狀況中協助自己尋找出路，在壓力中懂得陪伴自己渡過。這樣的耐力來自於對文化差異的本質有深入的洞見。從自己的文化脈絡出發，覺察文化對自身的深遠影響，進而能夠理解別人的文化對他們的影響，增加異地而處的彈性，提高相互尊重的可能性，進而能夠在充滿挑戰的跨文化互動中產生出較高的容忍性與穩定性。

第四節　國際力發展的未來

在未來，不論是正向或負向，全球化所帶來的影響不會稍減，國際力的發展將持續成為一項必要的工作。不論是組織領導者、人力資源發展者、國際事務工作者、教育訓練規劃者等，如果能對未來的發展趨勢有所瞭解，在國際人才的培育方面才能夠更適當的因應。這些發展包括了複雜的連結、科技的影響、文化的交疊。

一、複雜的連結：更細密的文化異同

隨著交通的發達，國際之間的聯絡及業務的往來比以往更為容易而且緊密。人們可以更快速的移動尋找機會交流合作，或進行全球性的商務行銷，帶來更多的利益。然而，複雜的連結也同時帶來風險。例如：2008年的金融海嘯，從小區域的銀行，迅速蔓延到世界各地的金融機構，成為難以阻止的風暴。而2019年的新冠病毒，也隨著

人們全球移動而快速的傳播。它們顯示出今日的國際連結比以往都更為綿密而複雜。複雜的連結使不同的文化更容易相遇，讓人們變得更相同但也更希望保持獨特性。「相同」與「相異」之間的消長，將使得文化之間的異同變得更為細密，換言之，即使是來自同一國家的人們，都會因為其所屬的團體以及個人背景的不同而產生差異。近年來，複雜理論（complexity theory）的發展正反映了這樣的趨勢（Larsen-Freeman, 2017, 2019; Manson, 2001; Thurner et al., 2018），它重視現象的脈絡性（contextuality）、因果的非線性（nonlinearity），以及深層的相依性（interdependence; Mason, 2008; Phelan, 2001），而這三個特性也描繪出許多國際互動與跨文化事件的特質。隨著這樣的變化，未來國際力的發展將需要更深的覺察力及文化的敏感度，進而累積成為解決問題的實戰力。

二、科技的影響：獨立體的分享網絡

科技的發展正在改變人們的生活方式，人們可以透過網絡取得生活所需品，或遠端的資訊，例如：出國旅行前即可在網路上蒐尋並預訂另一個國家的民宿；個人也能把自家多餘的空間出租，例如：Airbnb公司所提供的服務（Guttentag, 2015; Oskam & Boswijk, 2016），提供多國短期租屋的選擇。人們能夠透過網絡廣泛的資訊完成許多事情，不再需要透過代理人，提高了獨立性，而這樣的獨立性也對國際互動產生影響。過去當人們身處異國，大多僅能以電報、國際電話，或傳真等方式與家人朋友聯絡，費用昂貴且不方便，這容易

令當事人感到孤立，但也促發他們在當地結交新朋友的動機。相對的，今日隨著網際網路的運用，人們即使身處國外，仍可與家人及朋友快速且長時間的通訊及視訊，減緩了孤獨的感受，因此對於加入當地社群以取得支持的迫切感也與過往有所不同。這代表著人們在適應異文化的方式已隨著科技的發展在改變，人們可以更獨立，但也更依賴網絡。

由於人與科技互動的增加，在發展國際力的過程中也將涵納人機協作帶來的優勢，例如：運用虛擬實境（virtual reality, VR）或擴增實境（augmented reality, AR）將跨文化的情境納入訓練，增加參訓者的臨場感以及反覆演練的機會。其次，隨著人工智慧（artificial intelligence, AI）的發展，學者也建議在機器人的資料庫中納入文化智能，讓它們更有隨機應變的社交能力，提升人機合作的效能（S. Ang et al., 2020）。

三、文化的交疊：與多元差異共處

由於全球交流的頻繁，人們在國際間的移動增加，個人除了接觸自己本國的文化，也更有機會沉浸在其他的文化之中。例如：派外人員的子女，因為在國外成長，他們所經歷的文化與父母的原生國家不同，但也與當地國家不同，形成獨特的經歷，因此被稱為「第三文化小孩」（third cultural kid, TCK）或是跨文化小孩（cross-cultural kid, CCK; Pollock et al., 2017）。其次，現代在學校與職場，有更多的機會進行海外交換、實習、訓練等，個人在生活中所接觸到的文化比以往

更為多重,不再僅限於單一國家的文化。研究發現這些經歷,不僅對個人的心智產生影響,也反映在神經系統之中。

諺語說:「凡走過必留下痕跡」,這句話可形容沉浸於多重文化的人。近期,有研究者邀集曾經生活在兩種文化的個人來參與實驗,讓他們觀看代表不同文化的符號與圖片,並檢視大腦的神經反應。研究發現,代表某一文化的圖片會激發起受試者大腦中相對應的思考模式(Chiao et al., 2010; Hong et al., 2000),他們能根據所看到的圖片及提示,在不同的文化框架之間切換。這些研究說明了,人們沉浸於不同文化之後,神經元會學習到轉換的彈性,幫助他們在不同的文化脈絡之間移動。

文化的沉浸會對人們產生影響,它對國際力的發展有兩項啟示。第一,隨著人們在國際間遊走移動的頻率增加,多重的文化會留下痕跡,因此與多元及差異共處將成為常態。第二,由於人在文化中會學習相對應的反應機制,並留在記憶之中。因此,鼓勵人們進入異文化體驗或在多元文化環境中工作,並且與不同的社群有實質的互動,將會有助於建立新的基模,增加跨文化的靈活性。

第五節　結語

面對全球化的浪潮,國際力與跨文化素養已成為核心的能力。這些能力的發展是一個持續動態的過程,沒有標準流程,也沒有放諸四海皆準的答案。除了組織提供訓練方案,它也需要依靠當事者在差異

的衝擊與疑惑中細細觀察，在彷彿無路的路途中做出當下最適當的抉擇。有時，也需要在沒有人能提供答案的昏暗中逐步往前，選擇適合當時與當地脈絡的決定，發揮國際力的效能完成任務，也在跨文化的學習中走出自我成長與發展的道路。

參考文獻

第一章

Al-Rodhan, N. R. F., & Stoudmann, G. (2006). *Definitions of globalization: A comprehensive overview and a proposed definition.* Geneva Centre for Security Policy.

Bartlett, C. A., & Ghoshal, S. (2000). Going global: Lessons from late movers. *Harvard Business Review, 78*(2), 132–142.

Bennett, M. J. (2013). *Basic concepts of intercultural communication: Paradigms, principles, & practices.* Intercultural Press.

Caligiuri, P., & Di Santo, V. (2001). Global competence: What is it, and can it be developed through global assignments? *Human Resource Planning, 24*(3), 27–35.

European Commission. (n.d.). Erasmus+. https://ec.europa.eu/programmes/erasmus-plus/node_en

Feyen, B., & Krzaklewska, E. (Eds.). (2013). *The ERASMUS phenomenon—Symbol of a new European generation.* Peter Lang Edition.

Held, D., McGrew, A., Goldblatt, D., & Perraton, J. (1999). *Global transformations: Politics, economics and culture.* Stanford University Press.

Lang, V., & Mendes Tavares, M. (2018). *The distribution of gains from globalization* (IMF Working Paper No. 18/54). SSRN. https://ssrn.com/abstract=3157017

Larsson, T. (2001). *The race to the top: The real story of globalization.* Cato Institute.

McLean, G. N. (2001). Ethical dilemmas in conducting international research. *Human Resource Development International, 4*(1), 21–25.

Meleady, R., Seger, C., & Vermue, M. (2020). Evidence of a dynamic association between intergroup contact and intercultural competence. *Group Processes & Intergroup Relations*. https://doi.org/10.1177/1368430220940400

Organisation for Economic Cooperation and Development. (2005). *OECD handbook on economic globalisation indicators.* https://www.oecd.org/sti/ind/34964971.pdf

Organisation for Economic Cooperation and Development. (2019). *PISA 2018 global competence framework.* https://www.oecd-ilibrary.org/sites/043fc3b0-en/index.html?itemId=/content/component/043fc3b0-en&mimeType=text/html

Rychen, D. S., & Salganik, L. H. (Eds.). (2003). *Key competencies for a successful life and a well-functioning society.* Hogrefe & Huber.

Tarique, I., & Schuler, R. S. (2010). Global talent management: Literature review, integrative framework, and suggestions for further research. *Journal of World Business, 45*(2), 122–133.

Ting-Toomey, S., & Dorjee, T. (2019). *Communicating across cultures* (2nd ed.). New York, NY: Guilford Press.

第二章

陳國明（2003）。《文化間傳播學》。五南文化。

Adler, N. J., & Gundersen, A. (2008). *International dimensions of organizational behavior* (5th ed.). Thomson Higher Education.

Au, K. Y. (2000). Intra-cultural variation as another construct of international management: A study based on secondary data of 42 countries. *Journal of International Management, 6*(3), 217–238. https://doi.org/10.1016/S1075-4253(00)00026-0

Beaudry, G. (2002). The family reconstruction process and its evolution to date: Virginia Satir's transformation process. *Contemporary Family Therapy, 24*, 79–91. https://doi.org/10.1023/A:1014373605900

Hall, E. T. (1973). *The silent language*. Anchor Books. (Original work published 1959)

Hofstede, G. (1980). *Culture's consequences*. Sage Publications.

Hofstede, G., Hofstede, G. J., & Minkov, M. (2010). *Cultures and organizations: Software of the mind* (3rd ed.). McGraw-Hill.

Hofstede Insights. (2020). National culture. https://hi.hofstede-insights.com/national-culture

Jandt, F. E. (2018). *An introduction to intercultural communication: Identities in a global community* (9th ed.). Sage Publications.

Meyer, E. (2014). *The culture map: Breaking through the invisible boundaries of global business*. PublicAffairs.

Satir, V., Banmen, J., Gerber, J., & Gomori, M. (1991). *The Satir model: Family therapy and beyond*. Science & Behavior Books.

Sparkman, D. J., & Hamer, K. (2020). Seeing the human in everyone: Multicultural experiences predict more positive intergroup attitudes and humanitarian helping through identification with all humanity. *International Journal of Intercultural Relations, 79*, 121–134. https://doi.org/10.1016/j.ijintrel.2020.08.007

Trompenaars, F., & Hampden-Turner, C. (2012). *Riding the waves of culture: Understanding diversity in global business* (3rd ed.). McGraw-Hill.

第三章

Ang, S., Rockstuhl, T., & Ng, K. Y. (2020). Cultural intelligence. In R. J. Sternberg & S. B. Kaufman (Eds.), *The Cambridge handbook of intelligence* (2nd ed., pp. 820–845). Cambridge University Press.

Bennett, M. J. (1993). Cultural marginality: Identity issues in intercultural training. In R. M. Paige (Ed.), *Education for the intercultural experience* (pp. 109–135). Intercultural Press.

Bennett, M. J. (2017). Development model of intercultural sensitivity. In Y. Y. Kim (Ed.), *The international encyclopedia of intercultural communication*. John Wiley & Sons. https://doi.org/10.1002/9781118783665.ieicc0182

Earley, P. C., & Ang, S. (2003). *Cultural intelligence: Individual interactions across cultures*. Stanford University Press.

Economist Intelligence Unit. (2006). *CEO briefing: Corporate priorities for 2006 and beyond*.

Hammer, M. R., Bennett, M. J., & Wiseman, R. (2003). Measuring intercultural sensitivity: The intercultural development inventory. *International Journal of Intercultural Relations*, *27*(4), 421–443. https://doi.org/10.1016/S0147-1767(03)00032-4

King, P. M., & Baxter Magolda, M. (2005). A developmental model of intercultural maturity. *Journal of College Student Development*, *46*(6), 571–592. https://doi.org/10.1353/csd.2005.0060

Livermore, D. (2010). *Leading with cultural intelligence: The new secret to success*. American Management Association.

Ng, K.-Y, Van Dyne, L., & Ang, S. (2009). Developing global leaders: The role of international experience and cultural intelligence. *Advances in Global Leadership*, *5*, 225–250. https://doi.org/10.1108/S1535-1203(2009)0000005013

Perez, R. J., Shim, W., King, P. M., & Baxter Magolda, M. (2015). Refining King and Baxter Magolda's model of intercultural maturity. *Journal of College Student Development*, *56*(8), 759–776. https://doi.org/10.1353/csd.2015.0085

Van Dyne, L., Ang, S., Ng, K. Y., Rockstuhl, T., Tan, M. L., & Koh, C. (2012). Sub-dimensions of the four factor model of cultural intelligence: Expanding the conceptualization and measurement of cultural intelligence. *Social and Personality Psychology Compass*, *6*(4), 295–313. https://doi.org/10.1111/j.1751-9004.2012.00429.x

第四章

BBC News 中文（2017 年 1 月 15 日）。〈亞馬遜賣甘地頭像拖鞋 再次惹毛印度〉。https://www.bbc.com/zhongwen/trad/world-38632060

Beamer, L. (1995). A schemata model for intercultural encounters and case study: The emperor and the envoy. *The Journal of Business Communication, 32*(2), 141–161. https://doi.org/10.1177/002194369503200203

Chang, W.-W. (2007). Cultural competence of international humanitarian workers. *Adult Education Quarterly, 57*(3), 187–204. https://doi.org/10.1177/0741713606296755

Chang, W.-W. (2009). Schema adjustment in cross-cultural encounters: A study of expatriate international aid service workers. *International Journal of Intercultural Relations, 33*(1), 57–68. https://doi.org/10.1016/j.ijintrel.2008.12.003

Hammer, M. R., Bennett, M. J., & Wiseman, R. (2003). Measuring intercultural sensitivity: The intercultural development inventory. *International Journal of Intercultural Relations, 27*(4), 421–443. https://doi.org/10.1016/S0147-1767(03)00032-4

Lewin, K. (1935). *A dynamic theory of personality*. McGraw-Hill.

National Association of Social Workers. (2007). *Indicators for the achievement of the NASW standards for cultural competence in social work practice* (5th ed.).

Neufeld, J. E., Rasmussen, H. N., Lopez, S. J., Ryder, J. A., Magyar-Moe, J. L., Ford, A. I., Edwards, L. M., & Bouwkamp, J. C. (2006). The engagement model of person-environment interaction. *The Counseling Psychologist, 34*(2), 245–259. https://doi.org/10.1177/0011000005281319

Piaget, J. (1929). *The child's conception of the world* (J. Tomlinson & A. Thomlinson, Trans.). Kegan Paul & Co. (Original work published 1926)

Pidduck, R. J., Busenitz, L. W., Zhang, Y., & Moulick, A. G. (2020). Oh, the places you'll go: A schema theory perspective on cross-cultural experience and entrepreneurship. *Journal of Business Venturing Insights*, *14*, e00189. https://doi.org/10.1016/j.jbvi.2020.e00189

Suarez-Balcazar, Y., & Rodakowski, J. (2007). Becoming a culturally competent occupational therapy practitioner. *Occupational Therapy Practice*, *12*(17), 14–17.

Varner, I., & Beamer, L. (2011). *Intercultural communication in the global workplace* (5th ed.). McGraw-Hill.

第五章

Adler, N. J., & Gundersen, A. (2008). *International dimensions of organizational behavior* (5th ed.). Thomson Higher Education.

Assumed similarity bias. (n.d.). In *APA Dictionary of Psychology*. https://dictionary.apa.org/assumed-similarity-bias

Barends, E., Villanueva, J., Rousseau, D. M., Briner, R. B., Jepsen, D. M., Houghton, E., & ten Have, S. (2017). Managerial attitudes and perceived barriers regarding evidence-based practice: An international survey. *PLoS ONE*, *12*(10), e0184594. https://doi.org/10.1371/journal.pone.0184594

Beamer, L., & Varner, I. I. (2001). *Intercultural communication in the global workplace* (2nd ed.). McGraw-Hill.

Berger, C. R., & Calabrese, R. J. (1975). Some explorations in initial interaction and beyond: Toward a developmental theory of interpersonal communication. *Human Communication Research*, *1*(2), 99–112. https://doi.org/10.1111/j.1468-2958.1975.tb00258.x

Choi, I., Dalal, R., Kim-Prieto, C., & Park, H. (2003). Culture and judgement of causal relevance. *Journal of Personality and Social Psychology*, *84*(1), 46–59. https://doi.org/10.1037/0022-3514.84.1.46

Choi, I., Nisbett, R. E., & Norenzayan, A. (1999). Causal attribution across cultures: Variation and universality. *Psychological Bulletin*, *125*(1), 47–63. https://doi.org/10.1037/0033-2909.125.1.47

Gudykunst, W. B. (1998). Applying anxiety/uncertainty management (AUM) theory to intercultural adjustment training. *International Journal of Intercultural Relations*, *22*(2), 227–250. https://doi.org/10.1016/S0147-1767(98)00005-4

Gudykunst, W. B. (2005). *Theorizing about intercultural communication*. Sage Publications.

Hall, E. T. (1976). *Beyond culture*. Anchor Books.

Hammer, M. R., Wiseman, R. L., Rasmussen, J. L., & Bruschke, J. C. (1998). A test of anxiety/uncertainty management theory: The intercultural adaptation context. *Communication Quarterly*, *46*(3), 309–326. https://doi.org/10.1080/01463379809370104

Jandt, F. E. (2018). *An introduction to intercultural communication: Identities in a global community* (9th ed.). Sage Publications.

Kennedy, M. M. (2010). Attribution error and the quest for teacher quality. *Educational Researcher*, *39*(8), 591–598. https://doi.org/10.3102/0013189X10390804

Mason, M. F., & Morris, M. W. (2010). Culture, attribution and automaticity: A social cognitive neuroscience view. *Social Cognitive and Affective Neuroscience*, *5*(2–3), 292–306. https://doi.org/10.1093/scan/nsq034

Presbitero, A., & Attar, H. (2018). Intercultural communication effectiveness, cultural intelligence and knowledge sharing: Extending anxiety-uncertainty management theory. *International Journal of Intercultural Relations*, *67*, 35–43. https://doi.org/10.1016/j.ijintrel.2018.08.004

Ross, L. (1977). The intuitive psychologist and his shortcomings: Distortions in the attribution process. In L. Berkowitz (Ed.), *Advances in experimental social psychology* (Vol. 10, pp. 173–220). Academic Press.

Ross, L. (2018). From the fundamental attribution error to the truly fundamental attribution error and beyond: My research journey. *Perspectives on Psychological Science*, *13*(6), 750-769. https://doi.org/10.1177/1745691618769855

Shimizu, Y., Lee, H., & Uleman, J. S. (2017). Culture as automatic processes for making meaning: Spontaneous trait inferences. *Journal of Experimental Social Psychology*, *69*, 79-85. https://doi.org/10.1016/j.jesp.2016.08.003

Skitka, L. J., Mosier, K., & Burdick, M. D. (2000). Accountability and automation bias. *International Journal of Human-Computer Studies*, *52*(4), 701-717. https://doi.org/10.1006/ijhc.1999.0349

Tetlock, P. E. (1985). Accountability: A social check on the fundamental attribution error. *Social Psychology Quarterly*, *48*(3), 227-236. https://doi.org/10.2307/3033683

Ting-Toomey, S., & Dorjee, T. (2019). *Communicating across cultures* (2nd ed.). Guilford Press.

第六章

Black, J. S., & Mendenhall, M. (1991). The U-curve adjustment hypothesis revisited: A review and theoretical framework. *Journal of International Business Studies*, *22*(2), 225-247. https://doi.org/10.1057/palgrave.jibs.8490301

Berry, J. W. (1974). Psychological aspects of cultural pluralism: Unity and identity reconsidered. In R. Brislin (Ed.), *Topics in culture learning* (pp. 17-22). East-West Culture Learning Institute.

Berry, J. W. (2017). Theories and models of acculturation. In S. J. Schwartz & J. B. Unger (Eds.), *Oxford handbook of acculturation and health* (pp. 15-28). Oxford University Press.

Bourhis, R.Y., Moïse, L. C., Perreault, S., & Senécal, S. (1997). Towards an interactive acculturation model: A social psychological approach. *International Journal of Psychology, 32*(6), 369-386. https://doi.org/10.1080/002075997400629

Byram, M. (1997). *Teaching and assessing intercultural communication competence.* Multilingual Matters.

Byram, M. (2003). On being 'bicultural' and 'intercultural.' In G. Alred, M. Byram, & M. Fleming (Eds.), *Intercultural experience and education* (pp. 50-66). Multilingual Matters.

Byram, M., Nichols, A., & Stevens, D. (2001). *Developing intercultural competence in practice.* Multilingual Matters.

Chang, W.-W., Chen, C.-H. L., Huang, Y.-F., & Yuan, Y.-H. (2012). Exploring the unknown: International service and individual transformation. *Adult Education Quarterly, 62*(3), 230-251. https://doi.org/10.1177/0741713611402049

Chang, W.-W., Yuan, Y. H., & Chuang, Y.-T. (2013). The relationship between international experience and cross-cultural adaptability. *International Journal of Intercultural Relations, 37*(2), 268-273. https://doi.org/10.1016/j.ijintrel.2012.08.002

Cushner, K , & Karim, A. U. (2004). Study abroad at the university level. In D. Landis, J. M. Bennett, & M. J. Bennett (Eds.), *Handbook of intercultural training* (3rd ed., pp. 289-308). Sage Publications.

Deardorff, D. K. (2006). Identification and assessment of intercultural competence as a student outcome of internationalization. *Journal of Studies in Intercultural Education, 10*(3), 241-266. https://doi.org/10.1177/1028315306287002

Frank, K., & Hou, F. (2019). Source-country individualism, cultural shock, and depression among immigrants. *International Journal of Public Health, 64*(4), 479-486.

Gordon, M. M. (1964). *Assimilation in American life.* Oxford University Press.

Haslberger, A. (2005). The complexities of expatriate adaptation. *Human Resource Management Review*, *15*(2), 160–180. https://doi.org/10.1016/j.hrmr.2005.07.001

Holliday, A., Kullman, J., & Hyde, M. (2017). *Intercultural communication: An advanced resource book for students* (3rd ed.). Routledge.

Hunter, B., White, G. P., & Godbey, G. C. (2006). What does it mean to be globally competent? *Journal of Studies in Intercultural Education*, *10*(3), 267–285. https://doi.org/10.1177/1028315306286930

Jandt, F. E. (2018). *An introduction to intercultural communication: Identities in a global community* (9th ed.). Sage Publications.

Kim, Y. Y. (2017). Cross-cultural adaptation. *Oxford Research Encyclopedia*. https://oxfordre.com/communication/view/10.1093/acrefore/9780190228613.001.0001/acrefore-9780190228613-e-21

Luft, J. (1961). The Johari Window: A graphic model of awareness in interpersonal relations. *Human Relations Training News*, *5*, 6–7.

Navas, M., García, M. C., Sánchez, J., Rojas, A. J., Pumares, P, & Fernández, J. S. (2005). Relative acculturation extended model (RAEM): New contributions with regard to the study of acculturation. *International Journal of Intercultural Relations*, *29*(1), 21–37. https://doi.org/10.1016/j.ijintrel.2005.04.001

Oberg, K. (1960). Culture shock: Adjustment to new cultural environments. *Practical Anthropologist*, *7*(4), 177–182. https://doi.org/10.1177/009182966000700405

Tajfel, H. (Ed.). (2010). *Social identity and intergroup relations.* Cambridge University Press.

Tran, B. (2016). Communication: The role of the Johari Window on effective leadership communication in multinational corporations. In A. H. Normore, L. W. Long, & M. Javidi (Eds.), *Handbook of research on effective communication, leadership, and conflict resolution* (pp. 405–429). Information Science Reference.

Rivera, W. J. M. (2014). *Motivational factors and adaptation process of Latin-American workers in Taiwan* [Unpublished master's thesis]. National Taiwan Normal University.

Ward, C., Bochner, S., & Furnham, A. (2001). *The psychology of culture shock*. Routledge.

Ward, C., Okura, Y., Kennedy, A., & Kojima, T. (1998). The U-curve on trial: A longitudinal study of psychological and sociocultural adjustment during cross-cultural transition. *International Journal of Intercultural Relations*, 22(3), 277–291. https://doi.org/10.1016/S0147-1767(98)00008-X

第七章

清・郭慶藩，晉・郭象，唐・成玄英，唐・陸德明（2018）。《莊子集釋》。商周出版。

國家教育研究院（2000）。《教育大辭書》。http://terms.naer.edu.tw/detail/1313991/

陳鼓應（2012）。《莊子今註今譯（重校本）》。中華書局。

戚樹誠（2017）。《組織行為（精華二版）》。雙葉書廊。

黃光國（2017）。《儒家文化系統的主體辯證》。五南文化。

Barki, H., & Hartwick, J. (2001). Interpersonal conflict and its management in information system development. *MIS Quarterly*, 25(2), 195–228. https://doi.org/10.2307/3250929

Barsade, S. G. (2002). The ripple effect: Emotional contagion and its influence on group behavior. *Administrative Science Quarterly*, 47(4), 644–675. https://doi.org/10.2307/3094912

Batkhina, A. (2020). Values and communication apprehension as antecedents of conflict styles in intercultural conflicts: A study in Germany and Russia. *Peace and Conflict: Journal of Peace Psychology*, 26(1), 22–34. https://doi.org/10.1037/pac0000429

Brummernhenrich, B., Baker, M. J., Bietti, L. M., Détienne, F., & Jucks, R. (2021). Being (un)safe together: Student group dynamics, facework and argumentation. In F. Maine & M. Vrikki (Eds.), *Dialogue for intercultural understanding: Placing cultural literacy at the heart of learning* (pp. 119–134). Springer.

Caputo, A., Ayoko, O. B., & Amoo, N. (2018). The moderating role of cultural intelligence in the relationship between cultural orientations and conflict management styles. *Journal of Business Research, 89*, 10–20. https://doi.org/10.1016/j.jbusres.2018.03.042

Cullen, J. B., & Parboteeah, K. P. (2013). *Multinational management: A strategic approach* (6th ed.). South-Western.

Eko, B. S., & Putranto, H. (2021). Face negotiation strategy based on local wisdom and intercultural competence to promote inter-ethnic conflict resolution: Case study of Balinuraga, Lampung. *Journal of Intercultural Communication Research*. https://www.tandfonline.com/doi/abs/10.1080/17475759.2021.1898450

Face. (n.d.). In *Cambridge Dictionary*. https://dictionary.cambridge.org/us/dictionary/english-chinese-traditional/face

Kay, A., & Skarlickib, D. P. (2020). Cultivating a conflict-positive workplace: How mindfulness facilitates constructive conflict management. *Organizational Behavior and Human Decision Processes, 159*, 8–20. https://doi.org/10.1016/j.obhdp.2020.02.005

Rosenberg, M. B. (2015). *Nonviolent communication* (3rd ed.). PuddleDancer Press.

Ross, J. M., & Balasubramaniam, R. (2014). Physical and neural entrainment to rhythm: Human sensorimotor coordination across tasks and effector systems. *Frontiers in Human Neuroscience, 8*, 576. https://doi.org/10.3389/fnhum.2014.00576

Salomon, R. (2016). *Global vision: How companies can overcome the pitfalls of globalization*. Palgrave Macmillan.

Thomas, K. W. (1992). Conflict and conflict management: Reflections and update. *Journal of Organizational Behavior, 13*(3), 265-274.

Thomas, K. W., & Kilmann, R. H. (2008). *Thomas-Kilmann conflict mode instrument: Profile and interpretive report.* https://www.organizationimpact.com/wp-content/uploads/2016/08/TKI_Sample_Report.pdf

Ting-Toomey, S. (2004). Translating conflict face-negotiation theory into practice. In D. Landis, J. M. Bennett, & M. J. Bennett (Eds.), *Handbook of intercultural training* (3rd ed., pp. 219-248). Sage Publications.

Ting-Toomey, S., & Dorjee, T. (2019). *Communicating across cultures* (2nd ed.). Guilford Press.

第八章

Ang, S., Rockstuhl, T., & Ng, K. Y. (2020). Cultural intelligence. In R. J. Sternberg & S. B. Kaufman (Eds.), *The Cambridge handbook of intelligence* (2nd ed., pp. 820-845). Cambridge University Press.

Caldwell-Harris, C. L. (2015). Emotionality differences between a native and foreign language: Implications for everyday life. *Current Directions in Psychological Science, 24*(3), 214-219. https://doi.org/10.1177/0963721414566268

Charoensukmongkol, P. (2020). The efficacy of cultural intelligence for adaptive selling behaviors in cross-cultural selling: The moderating effect of trait mindfulness. *Journal of Global Marketing, 33*(3), 141-157. https://doi.org/10.1080/08911762.2019.1654586

Deardorff, D. K. (2006). Identification and assessment of intercultural competence as a student outcome of internationalization. *Journal of Studies in Intercultural Education, 10*, 241-266. https://doi.org/10.1177/1028315306287002

Ghemawat, P., & Altman, S. A. (2019). The state of globalization in 2019, and what it means for strategists. *Harvard Business Review*. https://hbr.org/2019/02/the-state-of-globalization-in-2019-and-what-it-means-for-strategists

Giles, H., & Ogay, T. (2007). Communication accommodation theory. In B. B. Whaley & W. Samter (Eds.), *Explaining communication: Contemporary theories and exemplars* (pp. 325–343). Lawrence Erlbaum Association.

Hajro, A., Stahl, G. K., Clegg, C. C., & Lazarova, M. B. (2019). Acculturation, coping, and integration success of international skilled migrants: An integrative review and multilevel framework. *Human Resource Management Journal*, *29*(3), 328–352. https://doi.org/10.1111/1748-8583.12233

Flexibility. (n.d.). In *Lexico*. https://www.lexico.com/definition/flexibility

McCall, M. W., & Hollenbeck, G. P. (2002). *Developing global executives: The lessons of international experience*. Harvard Business School Press.

Meleady, R., Seger, C., & Vermue, M. (2020). Evidence of a dynamic association between intergroup contact and intercultural competence. *Group Processes & Intergroup Relations*. https://doi.org/10.1177/1368430220940400

Richardson, J., & McKenna, S. (2002). Leaving and experiencing: Why academics expatriate and how they experience expatriation. *Career Development International*, *7*(2), 67–78. https://doi.org/10.1108/13620430210421614

Spitzberg, B. H., & Changnon, G. (2009). Conceptualizing intercultural competence. In D. K. Deardorff (Ed.), *The SAGE handbook of intercultural competence* (pp. 2–52). Sage Publications.

Spreitzer, G. M., McCall, M. W., Jr., & Mahoney, J. D. (1997). Early identification of international executive potential. *Journal of Applied Psychology*, *82*(1), 6–29. https://doi.org/10.1037/0021-9010.82.1.6

United Nations Development Programme. (2015, September 25). *Transitioning from the MDGs to the SDGs* [Video]. YouTube. https://www.youtube.com/

watch?v=5_hLuEui6ww

Yamazaki, Y., & Kayes, D. C. (2004). An experiential approach to cross-cultural learning: A review and integration of competencies for successful expatriate adaptation. *Academy of Management Learning & Education*, *3*(4), 362–379. https://doi.org/10.5465/amle.2004.15112543

第九章

Betancourt, J. R., Green, A. R., Carrillo, J. E., & Ananeh-Firempong, O., II. (2003). Defining cultural competence: A practical framework for addressing racial/ethnic disparities in health and health care. *Public Health Reports*, *118*(4), 293–302. https://doi.org/10.1093/phr/118.4.293

Campinha-Bacote, J. (2002). Cultural competence in psychiatric nursing: Have you "ASKED" the right questions? *Journal of the American Psychiatric Nurses Association*, *8*(6), 183–187. https://doi.org/10.1067/mpn.2002.130216

Chang, W.-W. (2007). Cultural competence of international humanitarian workers. *Adult Education Quarterly*, *57*(3), 187–204. https://doi.org/10.1177/0741713606296755

Chhokar, J. S., Brodbeck, F. C., & House, R. J. (2008). *Culture and leadership across the world: The GLOBE book of in-depth studies of 25 societies*. Lawrence Erlbaum Associates.

Cross, T. L. (2002). Cultural competence continuum. *Journal of Child and Youth Care Work*, *24*, 83–85. https://doi.org/10.5195/jcycw.2012.48

Global Leadership & Organizational Behavior Effectiveness. (2014). Globe CEO Study 2014. https://globeproject.com/study_2014

House, R. J., Dorfman, P. W., Javidan, M., Hanges, P. J., & de Luque, M. F. S. (2014). *Strategic leadership across cultures: The GLOBE study of CEO leadership behavior and effectiveness in 24 countries*. Sage Publication.

Kotter, J. P., & Cohen, D. S. (2012). *The heart of change*. Harvard Business Press.

Werner, J. M., & DeSimone, R. L. (2012). *Human resource development* (6th ed.) Cengage Learning.

第十章

Kolb, D. A. (2015). *Experiential learning: Experience as the source of learning and development* (2nd ed.). Pearson Education.

第十一章

Black, J. S., Gregersen, H. B., & Mendenhall, M. E. (1992). Toward a theoretical framework of repatriation adjustment. *Journal of International Business Studies, 23*(4), 737–760. https://doi.org/10.1057/palgrave.jibs.8490286

Branch, R. M. (2009). *Instructional design: The ADDIE approach*. Springer.

Chaney, L. H., & Martin, J. S. (2014). *Intercultural business communication* (6th ed.). Pearson Education.

Chang, W.-W. (2007). Cultural competence of international humanitarian workers. *Adult Education Quarterly, 57*(3), 187–204. https://doi.org/10.1177/0741713606296755

Cullen, J. B., & Parboteeah, K. P. (2014). *Multinational management* (6th ed.). South-Western College Publishing.

Morrison, A. J. (2000). Developing a global leadership model. *Human Resource Management, 39*(2–3), 117–131. https://doi.org/10.1002/1099-050X(200022/23)39:2/3<117::AID-HRM3>3.0.CO;2-1

Sakhieva, R. G., Khairullina, E. R., Khisamiyeva, L. G., Valeyeva, N. S., Masalimova, A. R., & Zakirova, V. G. (2015). Designing a structure of the modular competence-based curriculum and technologies for its implementation into higher vocational institutions. *Asian Social Science, 11*(2), 246–251. https:// doi.org/10.5539/ass.v11n2p246

Zakaria, N. (2000). The effects of cross-cultural training on the acculturation process of the global workforce. *International Journal of Manpower, 21*(6), 492–510. https://doi.org/10.1108/01437720010377837

第十二章

BBC News中文（2017年1月15日）。《亞馬遜賣甘地頭像拖鞋 再次惹毛印度》。https://www.bbc.com/zhongwen/trad/world-38632060

Cavusgil, S. T., Knight, G., & Riesenberger, J. R. (2017). *International business: The new realities* (4th ed.). Pearson Education.

Chang, W.-W. (2005). Expatriate training in international nongovernmental organizations: A model for research. *Human Resource Development Review, 4*(4), 440–461. https://doi.org/10.1177/1534484305281035

Chang, W.-W., Yuan, Y.-H., & Chuang, Y.-T. (2013). The relationship between international experience and cross-cultural adaptability. *International Journal of Intercultural Relations, 37*(2), 268–273. https://doi.org/10.1016/j.ijintrel.2012.08.002

Cullen, J. B., & Parboteeah, K. P. (2014). *Multinational management: A strategic approach* (6th ed.). South-Western Cengage Learning.

Hofstede, G. (2001). *Culture's consequences: Comparing values, behaviors, institutions and organizations across nations* (2nd ed.). Sage Publications.

Kirkpatrick, D. L., & Kirkpatrick, J. D. (2006). *Evaluating training programs: The four levels* (3rd ed.). Berrett-Koehler.

Lokkesmoe, K. J., Kuchinke, K. P., & Ardichvili, A. (2016). Developing cross-cultural awareness through foreign immersion programs: Implications of university study abroad research for global competency development. *European Journal of Training and Development, 40*(3), 155–170. https://doi.org/10.1108/EJTD-07-2014-0048

Okpara, J. O., & Kabongo, J. D. (2011). Cross-cultural training and expatriate adjustment: A study of western expatriates in Nigeria. *Journal of World Business, 46*(1), 22–30. https://doi.org/10.1016/j.jwb.2010.05.014

Richardson, J., & McKenna, S. (2002). Leaving and experiencing: Why academics expatriate and how they experience expatriation. *Career Development International, 7*(2), 67–78. https://doi.org/10.1108/13620430210421614

Selmer, J. (2000). A qualitative needs assessment technique for cross-cultural work adjustment training. *Human Resource Development Quarterly, 11*(3), 269–281. https://doi.org/10.1002/1532-1096(200023)11:3<269::AID-HRDQ5>3.0.CO;2-6

Shenkar, O. (2001). Cultural distance revisited: Towards a more rigorous conceptualization and measurement of cultural differences. *Journal of International Business Studies, 32*(3), 519–535. https://doi.org/10.1057/palgrave.jibs.8490982

Sit, A., Mak, A. S., & Neill, J. T. (2017). Does cross-cultural training in tertiary education enhance cross-cultural adjustment? A systematic review. *International Journal of Intercultural Relations, 57*, 1–18. https://doi.org/10.1016/j.ijintrel.2017.01.001

Yamazaki, Y., & Kayes, D. C. (2004). An experiential approach to cross-cultural learning: A review and integration of competencies for successful expatriate adaptation. *Academy of Management Learning & Education, 3*(4), 362–379. https://doi.org/10.5465/amle.2004.15112543

Yang, Y., Liu, H., & Li, X. (2019). The world is flatter? Examining the relationship between cultural distance and international tourist flows. *Journal of Travel Research, 58*(2), 224–240. https://doi.org/10.1177/0047287517748780

Zakaria, N. (2000). The effects of cross-cultural training on the acculturation process of the global workforce. *International Journal of Manpower, 21*(6), 492–510. https://doi.org/10.1108/01437720010377837

第十三章

Baldwin, T. T., & Ford, J. K. (1988). Transfer of training: A review and directions for future research. *Personnel Psychology, 41*(1), 63–105. https://doi.org/10.1111/j.1744-6570.1988.tb00632.x

Blume, B. D., Ford, J. K., Surface, E. A., & Olenick, J. (2019). A dynamic model of training transfer. *Human Resource Management Review, 29*(2), 270–283. https://doi.org/10.1016/j.hrmr.2017.11.004

Burke, L. A., & Hutchins, H. M. (2007). Training transfer: An integrative literature review. *Human Resource Development Review, 6*(3), 263–296. https://doi.org/10.1177/1534484307303035

Burke, L. A., & Hutchins, H. M. (2008). A study of best practices in training transfer and proposed model of transfer. *Human Resource Development Quarterly, 19*(2), 107–128. https://doi.org/10.1002/hrdq.1230

Chang, W.-W. (2010). Is the group activity food or poison in a multicultural classroom? *Training & Development (T+D), 64*(4), 34–37.

Grossman, R., & Salas, E. (2011). The transfer of training: What really matters *International Journal of Training and Development, 15*(2), 103–120. https://doi.org/10.1111/j.1468-2419.2011.00373.x

Lim, D. H. (2000). Training design factors influencing transfer of training to the workplace within an international context. *Journal of Vocational Education and Training, 52*(2), 243–258. https://doi.org/10.1080/13636820000200118

Milano, M., & Ullius, D. (1998). *Designing powerful training: The sequential-iterative model.* Jossey-Bass.

Pietrantoni, Z., & Glance, D. (2019). Multicultural competency training of school counselor trainees: Development of the social class and classism training questionnaire. *Journal of Multicultural Counseling and Development, 47*(1), 2–13. https://doi.org/10.1002/jmcd.12117

Vera, E. M., & Speight, S. L. (2003). Multicultural competence, social justice, and counseling psychology: Expanding our roles. *The Counseling Psychologist*, *31*(3), 253–272. https://doi.org/10.1177/0011000003031003001

第十四章

Cateora, P. R., Money, R. B., Gilly, M. C., & Graham, J. L. (2020). *International marketing* (18th ed.). McGraw-Hill.

Chang, W.-W. (2004). A cross-cultural case study of a multinational training program in the United States and Taiwan. *Adult Education Quarterly*, *54*(3), 174–192. https://doi.org/10.1177/0741713604263118

Chang, W.-W. (2009). Cross-cultural adjustment in the multinational training programme. *Human Resource Development International*, *12*(5), 561–569. https://doi.org/10.1080/13678860903274331

Levitt, T. (1983). The globalization of markets. *Harvard Business Review*, *61*(3), 92–102.

Luigi, D., & Simona, V. (2010). The glocal strategy of global brands. *Studies in Business and Economics*, *5*(3), 147–155.

Matusitz, J. (2011). Disney's successful adaptation in Hong Kong: A glocalization perspective. *Asia Pacific Journal of Management*, *28*(4), 667–681. https://doi.org/10.1007/s10490-009-9179-7

Osman-Gani, A. M. (2000). Developing expatriates for the Asia-Pacific region: A comparative analysis of multinational enterprise managers from five countries across three continents. *Human Resource Development Quarterly*, *11*(3), 213–235. https://doi.org/10.1002/1532-1096(200023)11:3<213::AID-HRDQ2>3.0.CO;2-#

Quelch, J. A. (2003). The return of the global brand. *Harvard Business Review*, *81*(8), 22–23.

van Reine, P. P., & Trompenaars, F. (2000). Invited reaction:

Developing expatriates for the Asia-Pacific region. *Human Resource Development Quarterly, 11*(3), 237–243. https://doi.org/10.1002/1532-1096(200023)11:3<237::AID-HRDQ3>3.0.CO;2-N

第十五章

Adler, N. J., & Gundersen, A. (2008). *International dimensions of organizational behavior* (5th ed.). Thomson Higher Education.

Bermúdez, J. L. (2014). *Cognitive science: An introduction to the science of the mind* (2nd ed.). Cambridge University Press.

De Palo, G., Facchetti, G., Mazzolini, M. Menini, A., Torre, V., & Altafini, C. (2013). Common dynamical features of sensory adaptation in photoreceptors and olfactory sensory neurons. *Scientific Reports, 3,* 1251. https://doi.org/10.1038/srep01251

Goldstein, B. (2015). *Cognitive psychology: Connecting mind, research, and everyday experience* (4th ed.). Cengage Learning.

Kahneman, D. (2011). *Thinking, fast and slow.* Farrar, Straus and Giroux.

Knowles, M. S., Holton, E. F., III, Swanson, R. A., & Robinson, P. A. (2020). *The adult learner: The definitive classic in adult education and human resource development* (9th ed). Routledge.

Kolb, A. Y., & Kolb, D. A. (2005). Learning styles and learning spaces: Enhancing experiential learning in higher education. *Academy of Management Learning and Education, 4*(2), 193–212. https://doi.org/10.5465/amle.2005.17268566

Liu, D., Macchiarella, N. D., & Vincenzi, D. A. (2009). Simulation fidelity. In D. A. Vincenzi, J. A. Wise, M. Mouloua, & P. A., Hancock (Eds.), *Human factors in simulation and training* (pp. 61–73). CRC Press.

Noguchi, Y., Inui, K., & Kakigi, R. (2004). Temporal dynamics of neural adaptation effect in the human visual ventral stream.

Journal of Neuroscience, 24(28), 6283-6290. https://doi.org/10.1523/JNEUROSCI.0655-04.2004

Norman, G., Dore, K., & Grierson, L. (2012). The minimal relationship between simulation fidelity and transfer of learning. *Medical Education, 46*(7), 636-647. https://doi.org/10.1111/j.1365-2923.2012.04243.x

Wlodkowski, R. J., & Ginsberg, M. B. (2017). *Enhancing adult motivation to learn: A comprehensive guide for teaching all adults* (4th ed.). Jossey-Bass.

第十六章

Adler, N. J., & Gundersen, A. (2008). *International dimensions of organizational behavior* (5th ed.). Thomson Higher Education.

Chang, W.-W. (2010). Is the group activity food or poison in a multicultural classroom? *Training & Development (T+D), 64*(4), 34-37.

Damary, R., Markova, T., and Pryadilina, N. (2017). Key challenges of on-line education in multi-cultural context. *Procedia—Social and Behavioral, 237*(21), 83-89.https://doi.org/10.1016/j.sbspro.2017.02.034

De Vita, G. (2001). Learning styles, culture and inclusive instruction in the multicultural classroom: A business and management perspective. *Innovations in Education and Teaching International, 38*(2), 165-174. https://doi.org/10.1080/14703290110035437

Jandt, F. E. (2018). *An introduction to intercultural communication: Identities in a global community* (9th ed.). Sage Publications.

第十七章

Blume, B. D., Ford, J. K., Surface, E. A., & Olenick, J. (2019). A dynamic model of training transfer. *Human Resource Management Review, 29*(2), 270-283. https://doi.org/10.1016/j.hrmr.2017.11.004

Luft, J. (1961). The Johari Window: A graphic model of awareness in interpersonal relations. *Human Relations Training News, 5*, 6–7.

Tran, B. (2016). Communication: The role of the Johari Window on effective leadership communication in multinational corporations. In A. H. Normore, L. W. Long, & M. Javidi (Eds.), *Handbook of research on effective communication, leadership, and conflict resolution* (pp. 405–429). IGI Global.

Ulrich, B. (2019). Learning to learn: Tips for Teens and their teachers. *Educational Leadership, 76*(8), 70–78.

第十八章

Lefebvre, A.著，若水譯（1992）。《超個人心理學：心理學的新典範》。桂冠。

Appel, P. R. (2017). Rehabilitation: Amelioration of suffering and adjustment. In G. R. Elkins (Ed.), *Handbook of medical and psychological hypnosis: Foundations, applications, and professional issues* (pp. 399–408). Springer.

Assagioli, R. (2010). *The act of will*. The Synthesis Center.

Chang, W.-W. (2007). The negative can be positive for cultural competence. *Human Resource Development International, 10*(2), 225–231. https://doi.org/10.1080/13678860701347206

Cushner, K., & Karim, A. U. (2004). Study abroad at the university level. In D. Landis, J. M. Bennett, & M. J. Bennett (Eds.), *Handbook of intercultural training* (3rd ed., pp. 289–308). Sage Publications.

Hislop, D., Bosley, S., Coombs, C. R., & Holland, J. (2014). The process of individual unlearning: A neglected topic in an under-researched field. *Management Learning*, *45*(5), 540-560. https://doi.org/10.1177/1350507613486423

Kim, Y. Y. (2001). *Becoming intercultural: An integrative theory of communication and cross-cultural adaptation.* Sage Publications.

Kolb, A. Y., & Kolb, D. A. (2005). Learning styles and learning spaces: Enhancing experiential learning in higher education. *Academy of Management Learning and Education*, *4*(2), 193-212. https://doi.org/10.5465/amle.2005.17268566

Kolb, D. A. (2015). *Experiential learning: Experience as the source of learning and development* (2nd ed.). Pearson Education.

Lombard, C. A. (2017). Psychosynthesis: A foundational bridge between psychology and spirituality. *Pastoral Psychology*, *66*(4), 461-485. https://doi.org/10.1007/s11089-017-0753-5

Mezirow, J. (1991). *Transformative dimensions of adult learning.* Jossey-Bass.

Mezirow, J. (2003). Transformative learning as discourse. *Journal of Transformative Education*, *1*(1), 58-63. https://doi.org/10.1177/1541344603252172

Mezirow, J., & Taylor, E. W. (2009). *Transformative learning in practice.* Jossey-Bass.

Rizzolatti, G., & Craighero, L. (2004) The mirror-neuron system. *Annual Review of Neuroscience*, *27*, 169-192. https://doi.org/10.1146/annurev.neuro.27.070203.144230

Taylor, E. W. (2001). Transformative learning theory: A neurobiological perspective of the role of emotions and unconscious ways of knowing. *International Journal of Lifelong Education*, *20*(3), 218-236. https://doi.org/10.1080/02601370110036064

第十九章

吳昌衛、郭柏呈、梁庚辰（2011）。〈跨越心與腦的鴻溝 —— 國科會人文

處MRI講習課程引介〉。《人文與社會科學簡訊》，13(1)，122-133。

Bandura, A. (1971). *Social learning theory*. General Learning Press.

Barsade, S. G. (2002). The ripple effect: Emotional contagion and its influence on group behavior. *Administrative Science Quarterly, 47*(4), 644-675. https://doi.org/10.2307/3094912

Broadwell, M. M. (1969). Teaching for learning (XVI). *The Gospel Guardian*. http://www.wordsfitlyspoken.org/gospel_guardian/v20/v20n41p1-3a.html

Cannon, H. M., Feinstein, A. H., & Friesen, D. P. (2010). Managing complexity: Applying The conscious-competence model to experiential learning. *Developments in Business Simulations and Experiential Learning, 37*, 172-182.

Chang, W.-W. (2017a). Approaches for developing intercultural competence: An extended learning model with implications from cultural neuroscience. *Human Resource Development Review, 16*(2), 158-175. https://doi.org/10.1177/1534484317704292

Chang, W.-W. (2017b). The cognitive aspect of adult learners from neuroscience. In A. B. Knox, S. C. O. Conceição, & L. G. Martin (Eds.), *Mapping the field of adult and continuing education: An international compendium* (Vol. 1, pp. 53-59). Stylus Publishing.

Costandi, M. (2016). *Neuroplasticity*. MIT Press.

Draganski, B., Gaser, C., Busch, V., Schuierer, G., Bogdahn, U., & May, A. (2004). Changes in grey matter induced by training. *Nature, 427*, 311-312. https://doi.org/10.1038/427311a

Hislop, D., Bosley, S., Coombs, C. R., & Holland, J. (2014). The process of individual unlearning: A neglected topic in an under-researched field. *Management Learning, 45*(5), 540-560. https://doi.org/10.1177/1350507613486423

Jeffers, C. S. (2009). Within connections: Empathy, mirror neurons, and art education. *Art Education, 62*(2), 18-23. https://doi.org/10.1080/00043125

.2009.11519008

Kahneman, D. (2011). *Thinking, fast and slow*. Farrar, Straus and Giroux.

Kolb, D. A. (2015). *Experiential learning: Experience as the source of learning and development* (2nd ed.). Pearson Education.

Maguire, E. A., Gadian, D. G., Johnsrude, I. S., Good, C. D., Ashburner, J., Frackowiak, R. S. J., & Frith, C. D. (2000). Navigation-related structural change in the hippocampi of taxi drivers. *Proceedings of the National Academy of Sciences, 97*(8), 4398-4403. https://doi.org/10.1073/pnas.070039597

Maguire, E. A., Spiers, H. J., Good, C. D., Hartley, T., Frackowiak, R. S. J., & Burgess, N. (2003). Navigation expertise and the human hippocampus: A structural brain imaging analysis. *Hippocampus, 13*(2), 250-259. https://doi.org/10.1002/hipo.10087

Molnar-Szakacs, I., Wu, A. D., Robles, F. J., & Iacoboni, M. (2007). Do you see what I mean? Corticospinal excitability during observation of culture-specific gestures. *PLoS One, 2*(7), e626. https://doi.org/10.1371/journal.pone.0000626

Rizzolatti, G., & Craighero, L. (2004) The mirror-neuron system. *Annual Review of Neuroscience, 27*, 169-192. https://doi.org/10.1146/annurev.neuro.27.070203.144230

Servant, M., Cassey, P., Woodman, G. F., & Logan, G. D. (2018). Neural bases of automaticity. *Journal of Experimental Psychology: Learning, Memory, and Cognition, 44*(3), 440-464. https://doi.org/10.1037/xlm0000454

Spitzberg, B. H., & Changnon, G. (2009). Conceptualizing intercultural competence. In D. K. Deardorff (Ed.), *The Sage handbook of intercultural competence* (pp. 2-52). Sage Publications.

Spunt, R. P., & Lieberman, M. D. (2014). Automaticity, control, and the social brain. In J. W. Sherman, B. Gawronski, & Y. Trope (Eds.), *Dual-*

process theories of the social mind (pp. 279-296). Guildford Press.

Wicker, B., Keysers, C., Plailly, J., Royet, J.-P., Gallese, V., & Rizzolatti, G. (2003). Both of us disgusted in *my* insula: The common neural basis of seeing and feeling disgust. *Neuron, 40*(3), 655-664. https://doi.org/10.1016/S0896-6273(03)00679-2

第二十章

Amodio, D. M., & Frith, C. D. (2006). Meeting of minds: The medial frontal cortex and social cognition. *Nature Reviews Neuroscience, 7*(4), 268-277. https://doi.org/10.1038/nrn1884

Ang, C. (2020, December 8). The world's top 10 most spoken languages. https://www.visualcapitalist.com/the-worlds-top-10-most-spoken-languages/

Ang, S., Ng, K. Y., & Rockstuhl, T. (2020). Cultural intelligence. In R. J. Sternberg & S. B. Kaufman (Eds.), *The Cambridge handbook of intelligence* (2nd ed., pp. 820-845). Cambridge University Press. https://doi.org/10.1093/acrefore/9780190236557.013.567

Chang, W.-W. (2017). Approaches for developing intercultural competence: An extended learning model with implications from cultural neuroscience. *Human Resource Development Review, 16*(2), 158-175. https://doi.org/10.1177/1534484317704292

Chiao, J. Y., & Harada, T. (2008). Cultural neuroscience of consciousness: From visual perception to self-awareness. *Journal of Consciousness Studies, 15*(10-11), 58-69.

Chiao, J. Y., Harada, T., Komeda, H., Li, Z., Mano, Y., Saito, D., Parrish, T. B., Sadato, N., & Iidaka, T. (2009). Neural basis of individualistic and collectivistic views of self. *Human Brain Mapping, 30*(9), 2813-2820. https://doi.org/10.1002/hbm.20707

Chiao, J. Y., Harada, T., Komeda, H., Li, Z., Mano, Y., Saito, D., Parrish, T. B., Sadato, N., & Iidaka, T. (2010). Dynamic cultural influences on neural representations of the self. *Journal of Cognitive Neuroscience*, *22*, 1-11. https://doi.org/10.1162/jocn.2009.21192

Fuster, J. M. (2002). Frontal lobe and cognitive development. *Journal of Neurocytology*, *31*(3-5), 373-385. https://doi.org/10.1023/A:1024190429920

Goh, J. O. S., Leshikar, E. D., Sutton, B. P., Tan, J. C., Sim, S. K. Y., Hebrank, A. C., & Park, D. C. (2010). Culture differences in neural processing of faces and houses in ventral visual cortex. *Social Cognitive and Affective Neuroscience*, *5*(2-3), 227-235. https://doi.org/10.1093/scan/nsq060

Guttentag, D. (2015). Airbnb: disruptive innovation and the rise of an informal tourism accommodation sector. *Current Issues in Tourism*, *18*(12), 1192-1217. https://doi.org/10.1080/13683500.2013.827159

Hong, Y.-y., Morris, M. W., Chiu, C.-y., & Benet-Martínez, V. (2000). Multicultural minds: A dynamic constructivist approach to culture and cognition. *American Psychologist*, *55*(7), 709-720. https://doi.org/10.1037/0003-066X.55.7.709

Larsen-Freeman, D. (2017). Complexity theory: The lessons continue. In L. Ortega & Z. Han (Eds.), *Complexity theory and language development* (pp. 11-50). John Benjamins Publishing.

Larsen-Freeman, D. (2019). On language learner agency: A complex dynamic systems theory perspective. *The Modern Language Journal*, *103*(S1), 61-79. https://doi.org/10.1111/modl.12536

Lieberman, M. D., Rock, D., & Cox, C. L. (2014). Breaking bias. *NeuroLeadership Journal*, *5*, 1-19.

Mason, M. (2008). What is complexity theory and what are its implications for educational change? *Educational Philosophy and Theory*, *40*(1), 35-49.

https://doi.org/10.1111/j.1469-5812.2007.00413.x

Manson, S. M. (2001). Simplifying complexity: A review of complexity theory. *Geoforum*, *32*, 405–414. https://doi.org/10.1016/S0016-7185(00)00035-X

Neeley, T. (2012, May). Global business speaks English. *Harvard Business Review*. https://hbr.org/2012/05/global-business-speaks-english

Oskam, J., & Boswijk, A. (2016). Airbnb: The future of networked hospitality businesses. *Journal of Tourism Futures*, *2*(1), 22–42. https://doi.org/10.1108/JTF-11-2015-0048

Phelan, S. E. (2001). What is complexity science, really? *Emergence*, *3*(1), 120–136. https://doi.org/10.1207/S15327000EM0301_08

Pollock, D. C., Van Reken, R. E., & Pollock, M. V. (2017). *Third culture kids: Growing up among worlds* (3rd ed.). Nicholas Brealey Publishing.

Thurner, S., Hanel, R., & Klimek, P. (2018). *Introduction to the theory of complex systems.* Oxford University Press.

Waytz, A., & Mason, M. (2013). Your brain at work. What a new approach to neuroscience can teach us about management. *Harvard Business Review, 91*(7–8), 102–111.

國家圖書館出版品預行編目（CIP）資料

不只說 Hello：國際力與跨文化學習 = More than saying hello : international competence and intercultural learning/ 張媁雯作. -- 新北市：華藝數位股份有限公司學術出版部出版：華藝數位股份有限公司發行, 2021.08
　面；　公分
ISBN 978-986-437-192-1(平裝)

1. 人力資源發展 2. 國際化 3. 培養

494.3　　　　　　　　　　　　　　110013537

不只說 Hello：
國際力與跨文化學習

作　　　者／張媁雯
責 任 編 輯／楊芷頤
封 面 設 計／林淇琛
版 面 編 排／張大業、莊孟文

發　行　人／常效宇
總　編　輯／張慧銖
業　　　務／吳怡慧

出　　　版／華藝數位股份有限公司　學術出版部（Ainosco Press）
　　　　　　地址：234 新北市永和區成功路一段 80 號 18 樓
　　　　　　電話：(02)2926-6006　傳真：(02)2923-5151
　　　　　　服務信箱：press@airiti.com

發　　　行／華藝數位股份有限公司
　　　　　　戶名（郵政／銀行）：華藝數位股份有限公司
　　　　　　郵政劃撥帳號：50027465
　　　　　　銀行匯款帳號：0174440019696（玉山商業銀行 埔墘分行）

　　　ISBN ／ 978-986-437-192-1
　　　 DOI ／ 10.978.986437/1921
出 版 日 期／ 2021 年 8 月
定　　　價／新台幣 550 元

版權所有・翻印必究　　Printed in Taiwan
（如有缺頁或破損，請寄回本公司更換，謝謝）